自然是孩子最好的学校

自然是孩子最好的学校

[美]劳伦·乔达诺
[美]斯蒂芬妮·海瑟薇
[美]劳拉·斯特鲁普 著绘

周悟拿 译

贵州出版集团
贵州人民出版社

贵州省版权局著作权合同登记号　图字：22-2024-116 号
审图号 GS 京（2024）1266 号

图书在版编目（CIP）数据

自然是孩子最好的学校 / (美) 劳伦乔达诺 , (美) 斯蒂芬妮海瑟薇 , (美) 劳拉斯特鲁普著绘 ; 周悟拿译 . -- 贵阳 : 贵州人民出版社 , 2025. 1. -- ISBN 978-7-221-18803-8

Ⅰ . N49

中国国家版本馆 CIP 数据核字第 20248T8E94 号

ZIRAN SHI HAIZI ZUIHAO DE XUEXIAO
自然是孩子最好的学校
[美] 劳伦 · 乔达诺　[美] 斯蒂芬妮 · 海瑟薇　[美] 劳拉 · 斯特鲁普 / 著绘
周悟拿 / 译

出 版 人　朱文迅
选题策划　联合天际
责任编辑　张　芊
特约编辑　韩　优　宫　璇
装帧设计　梁健平
美术编辑　梁健平
责任印制　赵路江

未小读
UnRead Kids
和世界一起长大

出　　版　贵州出版集团　贵州人民出版社
地　　址　贵阳市观山湖区中天会展城会展东路 SOHO 公寓 A 座
发　　行　未读（天津）文化传媒有限公司
印　　刷　鹤山雅图仕印刷有限公司
版　　次　2025年1月第1版
印　　次　2025年1月第1次印刷
开　　本　889毫米×1194毫米　1/16
印　　张　9
字　　数　329千
书　　号　ISBN 978-7-221-18803-8
定　　价　98.00元

客服咨询

本书若有质量问题，请与本公司图书销售中心联系调换
电话：（010）52435752

献词

谨以此书献给世界各地的孩子、家庭，以及所有热爱自然的人。愿你们永远敞开心扉，放眼探索。

目录

第一章 温带森林

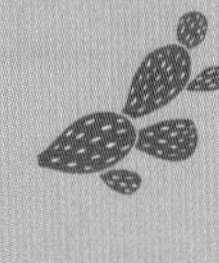

第二章 荒漠

第三章
海 滨

第四章
草 原

第五章
湿 地

引 言

为什么“自然是孩子最好的学校”？

简而言之，自然这所学校里充满让人惊奇又好奇的事物，以及各种各样的新发现。在这里，你可以凝望猫头鹰在森林中悄无声息地飞过，也可以侧耳聆听海浪拍打海岸的声音。你会注意到草地上每一抹金色的暗影，还能细数瓢虫身上的每一个斑点。这所学校的核心校训在于，我们要建立联系。从太阳到土壤，从植物到动物，自然界的每个组成部分都密不可分。我们也与这些事物相互关联着，而大自然中最美好的联系莫过于此。这所学校引领着我们去观察，去探索，也激发我们去热爱周围的野生环境以及世间万物。就这样，人与自然之间的联系也越发紧密。

如何使用本书？

快来翻开书页，开启这场探险吧！《自然是孩子最好的学校》中有五种生态系统，相信你会被深深吸引住。生态系统指在一定的空间范围内，生物与环境所形成的统一的整体。本书介绍了温带森林、荒漠、海滨、草原和湿地，每一章都深入探讨了不同生态系统的独特之处。这些生态系统的结构各不相同，涉及世界上的许多不同地区。在这些地方能发现哪些动植物？我们能运用哪些技巧去识别？各个物种又具备怎样的生存适应性？这些你都能在这本书中找到。书中还专门展现了不同生态系统的气候、地貌等方面的内容。你可以尽情沉浸在文字及插图中，我们衷心希望，你会喜欢这本全面介绍自然世界的书。

每章末尾都附有几个实践活动，主要目的是学以致用。这些活动内容多种多样，既有关于书写自然日志的简单提示，也有复杂科学实验的步骤说明，让每个年龄段的孩子都能乐在其中。

一起去探索吧！

我们创作这本书的目的不仅是鼓励孩子们学习，也是激发他们的冒险精神。我们几位创作者既是家长又是老师，认为学习知识很重要，也一直在寻找实用的方法来运用这些知识。研究表明，户外探险活动，如在大自然中散步、远足和正念等，有助于集中注意力，促进身心健康，并增强理解力。我们想把这些有趣且有价值的自然体验融入学习之中，也确信这本书提供的几种方法能达到这个效果。

探索自然并不复杂，就像和家人一起沉浸在野外玩耍中一样简单。我们也无须运用特殊工具，但若能准备好以下这些用品，也许能帮你更好地在大自然中展开观察和调查。

- **自然日志（记录观察与发现的本子）和铅笔：** 自然日志可以培养你写作、素描和观察细节等方面的技能，日后翻阅日志时，你也会想起在大自然中度过的时光和学到的一切。
- **铅笔、彩色铅笔和水彩笔：** 不论你是想实时记录，还是想回家后再记录下探险活动，它们都很好用。
- **袖珍显微镜和放大镜：** 这样你就可以近距离地观察自然界中的事物了。
- **双筒望远镜：** 有些动植物需要远距离观察，这时候你就可以借助望远镜啦。在使用望远镜之前，你可能还需要事先多加练习。市面上也有儿童尺寸的望远镜供你选择。
- **小网兜和容器：** 如果你想捕捉并观察昆虫或其他无脊椎动物等小生物，小网兜和容器用起来会很方便。如果你是在溪流或池塘探险，那就更需要它们了。
- **帮你识别当地动植物的书籍：** 有时你会遇到自己不认识的动物或植物，那么这类书籍就非常管用啦。
- **水壶和零食：** 在我们外出时，这些总是必不可少的。
- **指南针：** 在手机电池耗尽或没有信号时，你可以用指南针找到方向。
- **急救包：** 如果途中不幸擦伤或磕碰，急救包就能派上用场。
- **一个舒适耐用的背包：** 在外出探险时，你可以把所有用品都塞进包里。

在探索大自然的过程中，也请多多留意我们对脆弱的生态系统造成了怎样的影响。请不要乱扔垃圾，也请把路上看到的其他垃圾都妥善处理。还要记得与野生动物保持距离，并尽可能让自然中的一切保持原样。

感谢你选择翻开这本书，加入我们的探索队伍。我们几位创作者都对家庭、自然和教育怀着发自内心的热爱。通过研究自然环境，我们得以更深入地了解事物的运作规律，也获得了数不胜数的机会去玩耍、实验和学习。你可以先阅读这本和自然相关的书，再以此为基础，去开展触觉方面的探索。自然这所学校的美妙之处在于，你可以走到户外，通过视觉、触觉和嗅觉来感受自然，并在实践中积极运用自己所学到的知识。

第一章

温带森林

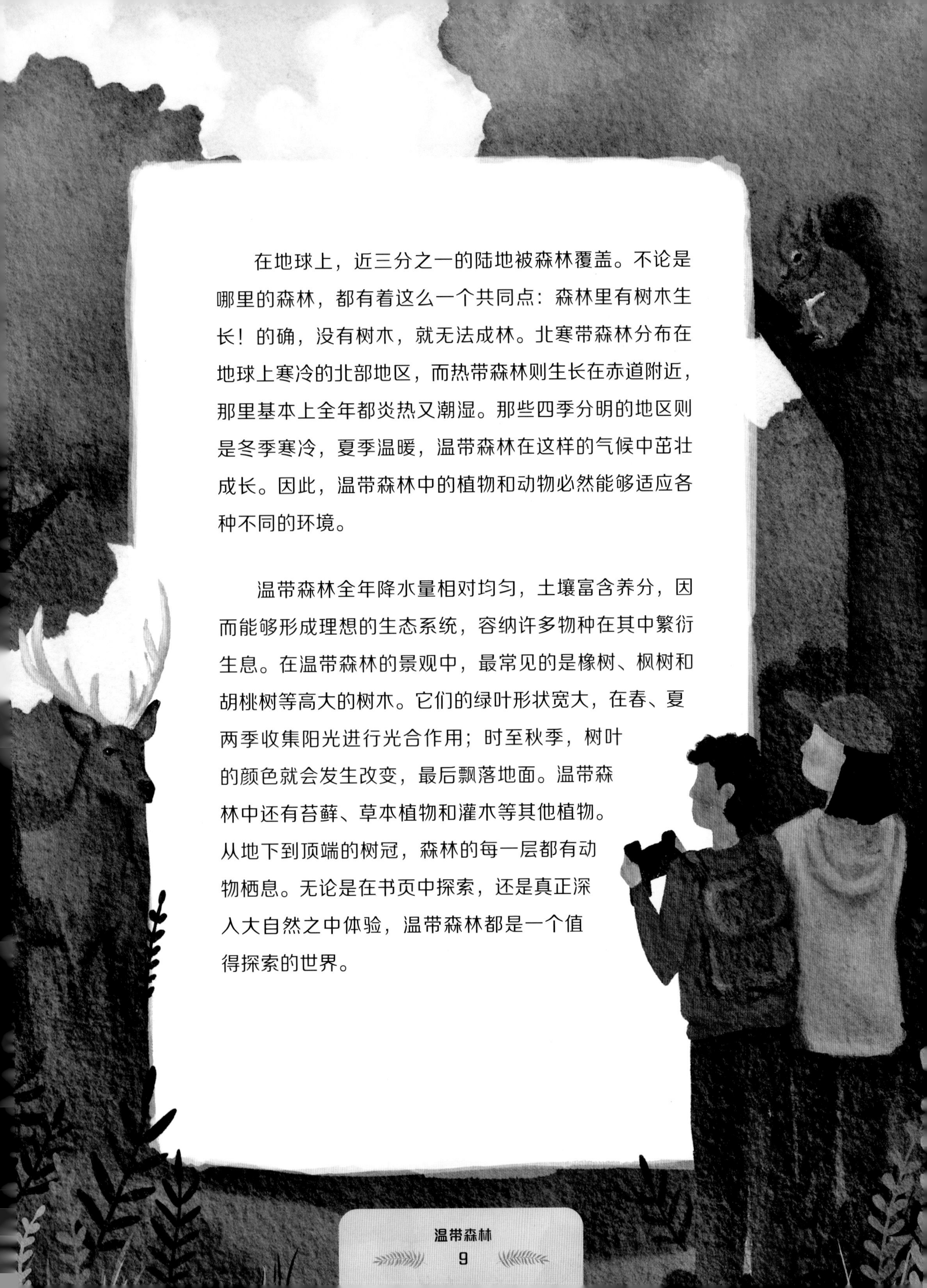

在地球上，近三分之一的陆地被森林覆盖。不论是哪里的森林，都有着这么一个共同点：森林里有树木生长！的确，没有树木，就无法成林。北寒带森林分布在地球上寒冷的北部地区，而热带森林则生长在赤道附近，那里基本上全年都炎热又潮湿。那些四季分明的地区则是冬季寒冷，夏季温暖，温带森林在这样的气候中茁壮成长。因此，温带森林中的植物和动物必然能够适应各种不同的环境。

温带森林全年降水量相对均匀，土壤富含养分，因而能够形成理想的生态系统，容纳许多物种在其中繁衍生息。在温带森林的景观中，最常见的是橡树、枫树和胡桃树等高大的树木。它们的绿叶形状宽大，在春、夏两季收集阳光进行光合作用；时至秋季，树叶的颜色就会发生改变，最后飘落地面。温带森林中还有苔藓、草本植物和灌木等其他植物。从地下到顶端的树冠，森林的每一层都有动物栖息。无论是在书页中探索，还是真正深入大自然之中体验，温带森林都是一个值得探索的世界。

温带森林生态系统

温带森林为世界各地的许多动物提供了宝贵的栖息地。温带森林里生长着大量植物，它们能过滤空气，释放氧气，提供树荫，还能为全球降温，供给木材和食物。从北美洲东部到亚洲和欧洲的部分地区，你都能找到温带森林——这种宜居的栖息地遍布世界各地[1]。

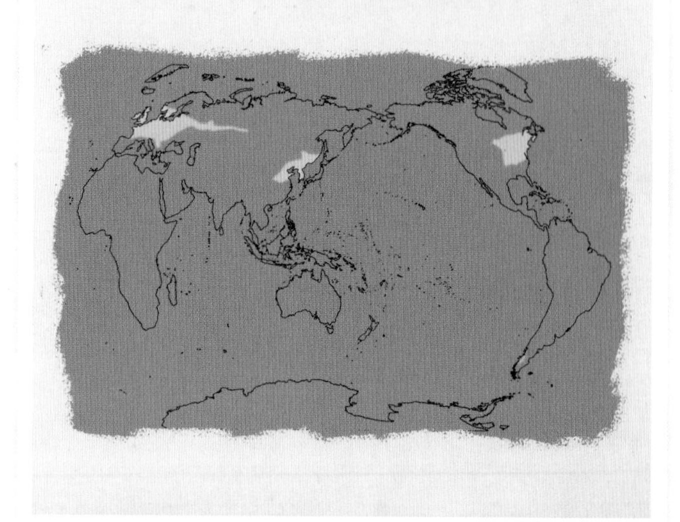

趣味小百科

温带森林随着四季的更替会发生相应变化。

趣味小百科

生态系统由生物部分和非生物部分组成。

森林由什么构成？

一片温带森林就是一个生态系统，你可以理解为，它是一个由生物和非生物共同运作的“社区”。栖息在这里的生物有植物、动物，还有真菌、细菌等微生物。温带森林生态系统中的非生物部分也为其良好运行发挥了重要作用：水、阳光、土壤、岩石和空气为生物提供了栖息地和养分，以及生存所需的其他条件。

1　本书插图中的地图系原文插附地图。——编辑注

森林的层次

下木层

这一层有高度较矮的树种，还有尚未完全长成的大型树木。

灌木层

灌木的木质茎会分枝，成丛生长，而不是长成树那样的单一树干。

地表层

这一层满是苔藓、小草、树叶和倒在地上的树干，只能晒到一点点阳光。

树冠层

森林中最高的树木能接收到最多的阳光，并为下面的树层遮阳。

草本层

草本植物就是那些矮小的、茎部柔软的绿色植物，往往在春夏生长，在较冷的月份则进入休眠期。

地表层：腐烂的树干

仔细观察腐烂的树干，映入你眼帘的大多数生物都是正在分解树干的“分解者”。也许你还会发现一些体形较大的动物，它们正在捕食这些分解者，或在找住的地方呢。

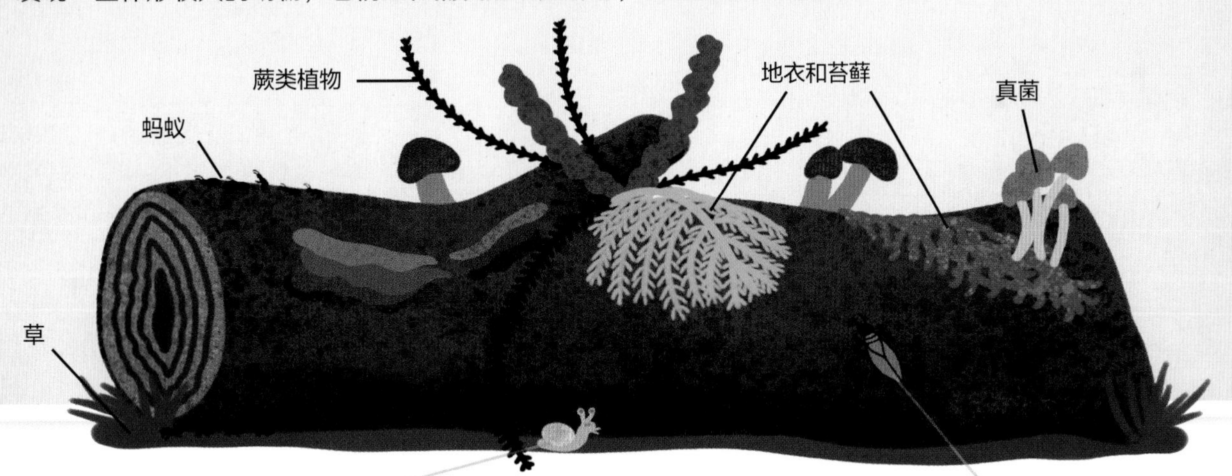

气候与天气

仔细观察温带森林的气候，你会发现这里四季分明。对于在这种生态系统中栖息的动植物来说，要想生存下去，就必须适应四季不断变化的气候条件。

森林里的四季

- 在冬天，这里的气温经常低至零摄氏度以下，同时伴有降雪。动物可能会躲进洞穴，或在荒凉的林间探索。还有一些动物，它们会在冬天到来之前迁徙到温暖的地区。
- 到了春天，气温回暖，树上也冒出了新芽。那些曾在寒冷中枯萎的草本植物也开始长出绿色的茎和细小的新叶。
- 在春雨和夏雨的滋润下，树木和其他植物的生长速度变得更快。之前那些躲避严寒的动物早就恢复了活力，开始新一轮的繁衍生息。
- 随着日照时间逐渐缩短，秋季的脚步也近了，落叶树开始凋零。为了过冬，有的动物开始储存脂肪，有的开始囤积食物，还有的迁徙到温暖的地方寻找更多的生存资源。然后，冬天又一次来临，四季就如此循环往复。

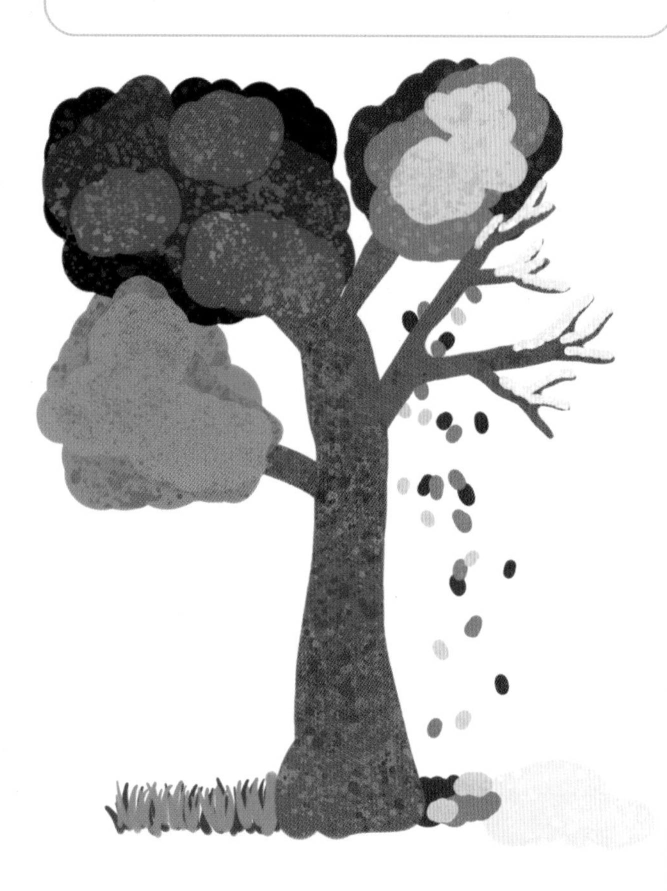

蒸腾作用

水分被植物的根部吸收后，在植物体内向上移动。最终，一些水分会从气孔（植物叶片表面的微孔）中逸出。这个过程被称为“蒸腾作用”，可以帮助植物降温，还能把水分和矿物质从植物根部运输到各个部位。

趣味小百科

温带森林的年降水量（以雨雪的形式）通常高达 150 厘米。

趣味小百科

落叶在英语中叫“deciduous”，它来自拉丁语，意思是“飘落下来”——每年秋天都会飘落的树叶。

落叶乔木

生长在温带森林中的阔叶树被称为落叶乔木（deciduous tree），通常较为高大。落叶乔木每到秋季就会落叶，这似乎不是什么优点，但其实，它们正是因此才能度过漫漫寒冬。

在较为温暖的月份，橡树、枫树等树木一派绿意盎然，树叶通过光合作用制造着养分。树叶中含有一种名叫叶绿素的化学物质，因此呈现绿色。在树叶制造养分的过程中，树木也在储存过冬的能量。

在秋天的那几个月，树叶就不再产生叶绿素了。由于缺少绿色的色素，树叶便显现为其他颜色，比如红色、黄色和橙色。当养分不足以供给树叶和树枝连接处的细胞，大多数落叶乔木的叶片就会纷纷落下。

在树叶掉光了之后，落叶乔木就不必再消耗能量来制造养分，因而得以节省能量。与此同时，水分也得以保存，因为树木的大部分水分都是通过树叶流失的。最终，落在森林地表的树叶会逐渐分解，转换为土壤中的养分。

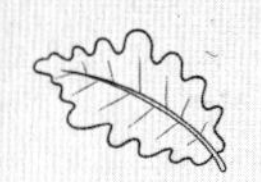

落叶乔木的结构

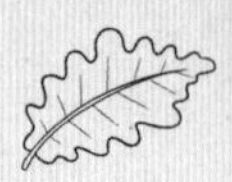

落叶乔木的树冠由树干上部的枝叶组成。树干支撑着树冠，内部有着不同的组织层，最中心的叫作髓。髓不含任何活细胞，是树干中最为坚固的支撑层。髓的周围是木质部，木质部负责把水输送到树的各个部位。然后是韧皮部，它为整棵树运送养分。皮层能支撑树干，让树干富有弹性，也正因如此，树干可以摆动和弯曲而不易折断。最外层的树皮不仅可以保护树干不受极端天气的伤害，也可以抵御虫害及其他外界伤害。树木之所以能够屹立不倒，是因为树根深入地下，而且一直从土壤中吸收水分和养分。

怎样才能认出落叶乔木？

落叶乔木虽然结构相似，但不同树种的大小、树形、叶形和树皮都存在差异。如果仔细观察，我们甚至会发现，同一棵树的不同部位在质地、颜色和形状上也有着细微差别。

树形： 一棵树既可能又高又窄，也可能又矮又粗壮，还可能呈现任何一种中间状态。只要观察树冠和树干，就能大致把握一棵树的整体形状了。

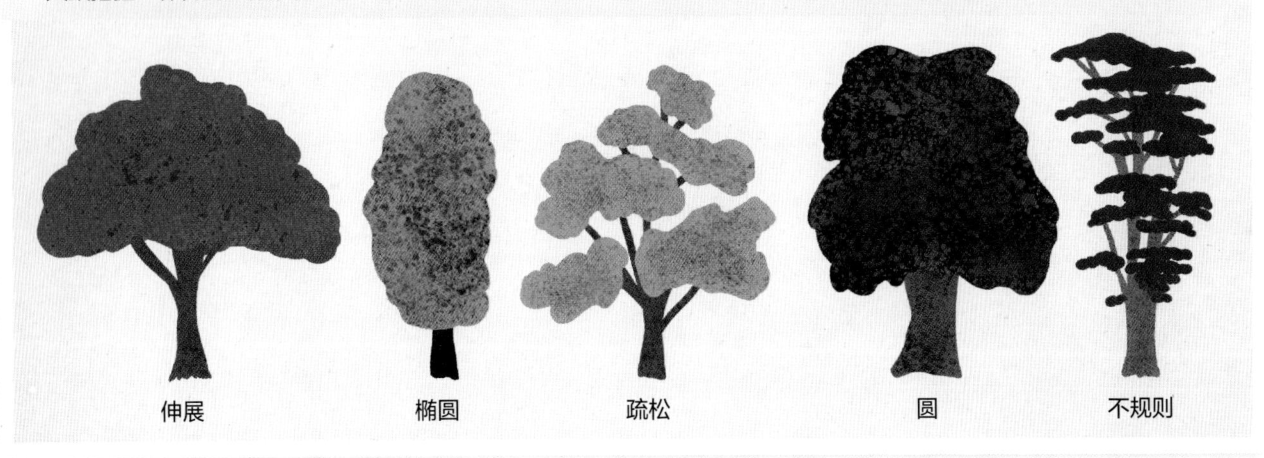

叶形： 树叶形状各异，以便捕捉到最佳光线，从而进行光合作用。有的树木一个叶柄上只生一个叶片，这种叶片被称作单叶；还有的树木是一个叶柄上生有多个叶片，这种叶片被称作复叶。

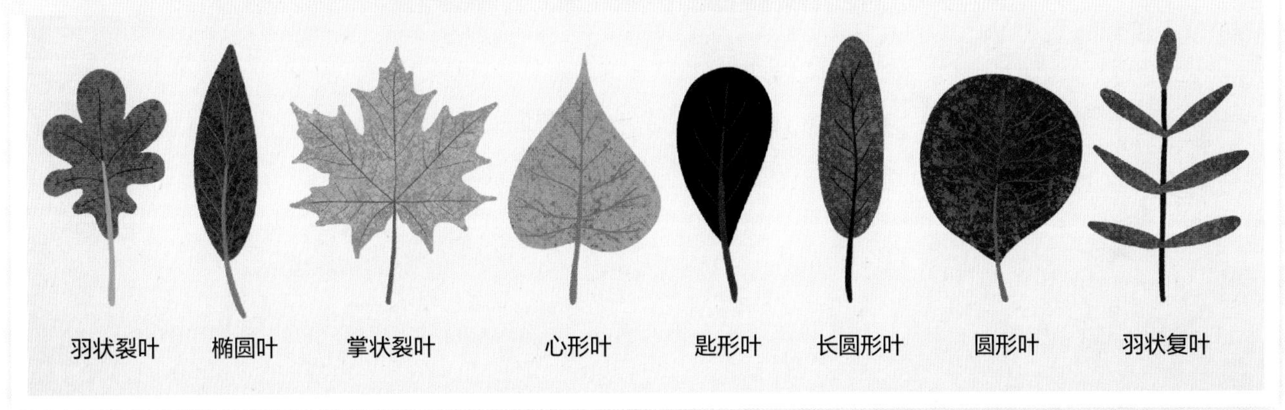

树皮的类型： 树皮可以保护树木，呈现各种颜色和纹理。冬季树叶落尽时，通过树皮来辨别树种特别有用。

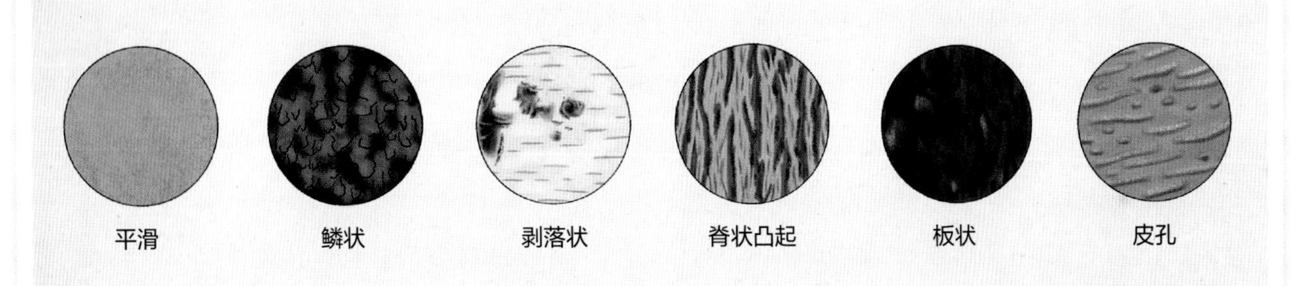

落叶乔木 VS. 针叶乔木

落叶乔木

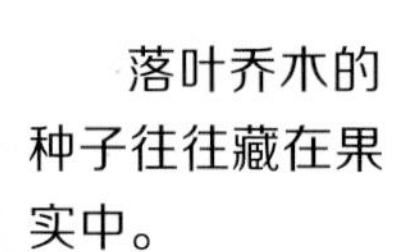

落叶乔木的种子往往藏在果实中。

宽阔的叶片是落叶乔木的典型特征，这些叶片表面积很大，能够充分吸收阳光。

落叶乔木的叶片并非一年四季常挂枝头，它们得在温暖的月份尽可能多地制造并储存养分。

四季常青!

这些窄窄的叶片上有保护叶片的“蜡质涂层”（角质层），可以全年防止水分从叶片上流失。

扁平的宽叶。

许多针叶乔木四季常青，枝头一直挂着窄窄的叶片。

针叶乔木会结出球果，种子就长在球果的鳞片上。

针叶乔木

一棵橡树的生活史

即使是最粗壮的橡树，其生命也是从一颗小小的种子开始的。橡树会长出雌雄同株的柔荑花序，形成一串串挂在枝头的迷你花朵。雄花的花粉传到雌花上，就会形成种子。橡树的果实叫作橡子，内含种子。橡子落到地上之后，大部分会成为火鸡、鹿和松鼠等动物的腹中美食。存活下来的橡子会生根发芽，长成幼苗。幼苗会长成柔韧的小树苗，再经过几年的生长，就长成了成熟的橡树。这时的橡树已经可以结出橡子，生命就如此轮回下去。

趣味小百科

橡树有的会落叶，有的常青，这具体取决于树种。

橡树的平均寿命为100年至300年！

常见植物

温带森林土壤肥沃，为多种植物提供了生长所需的养分。与此同时，植物也为森林中的生物提供了食物、阴凉和栖息之地。植物进行光合作用，既净化了空气，也为万物提供了赖以生存的氧气。

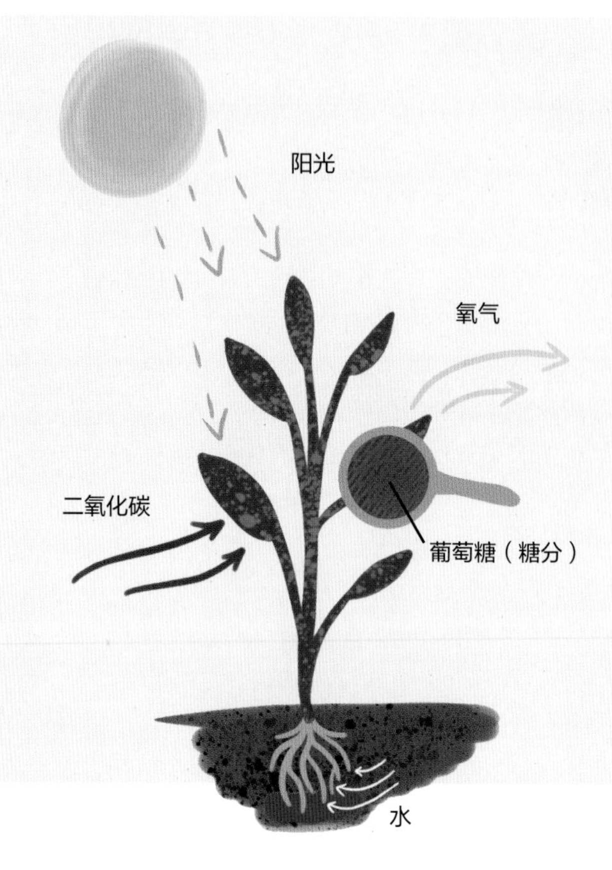

蕨类植物的生活史

与森林中的其他植物不同，蕨类植物并非通过种子来繁殖，而是通过孢子体（成熟的蕨类植物）产生的孢子来繁殖。

孢子被释放后，它们会落到地上或随风传播。

孢子萌发后，生长成心形结构的配子体（原叶体）。

假根充当根的角色，将配子体固定在地面上。

只要水分充足，配子体就会在受精后长出新的孢子体。

全世界有超过 10 000 种**蕨类植物**。这种独特的植物通过孢子繁殖，长长的叶片被称为蕨叶。

灌木较为矮小，长着许多茎，而乔木较为高大，只有一根树干，这是二者的不同之处。杜鹃和山胡椒都属于森林灌木。

森林地表、岩石和倒下的树干往往被**苔藓**覆盖。苔藓没有运输水分和养分的结构，但其细胞可以直接从周围环境吸收水分。

草本植物的茎不是木质的。到了冬天，温带森林中草本植物的茎叶往往会枯萎，等到春天又开始萌芽。

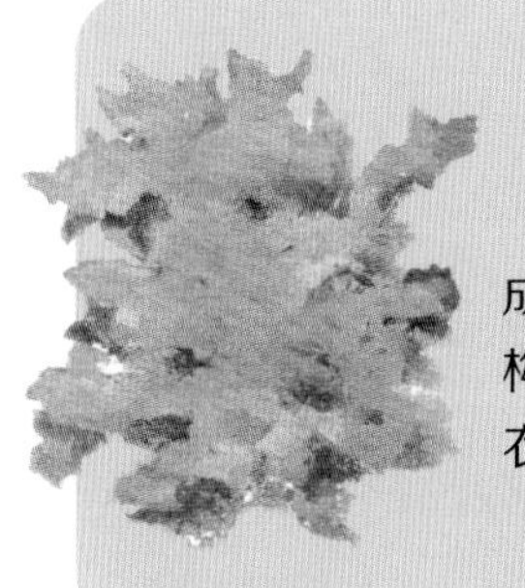

地衣是由真菌和藻类结合而成的有机体。真菌组成了地衣的结构，而藻类细胞通过光合作用为地衣提供养分。

在温带森林中，**藤本植物**需要树木或其他植物作为支撑，因此缠绕着它们生长。藤本植物的叶片通常比较大，相比之下，其他部位则不那么醒目。

森林真菌

真菌扮演着分解者的角色，通过分解死去的动植物，把养分回收到土壤中，同时也在这个过程中吸收养分。

趣味小百科

蘑菇等真菌实际上并不是植物！它们既不是动物也不是植物，而是属于一个单独的大类——真菌。

常见动物

许多栖息在温带森林中的动物都有利用植物和落叶伪装、隐匿行踪的能力。熊、松鼠、鹿和狐狸等毛茸茸的哺乳动物常年栖居在森林中，它们有的在地下安家，有的在森林地表找到庇护所，还有的会爬到更高的地方，借助树枝来寻找食物，在森林中四处活动。

冬天的家园

浣熊：浣熊在冬季会延长睡眠时间，这样就不需要摄入那么多食物了。

蛇：当天气转寒，蛇和其他爬行动物会在岩石下、灌木丛下或小洞穴中度过严冬。

熊：熊到了冬天会进入冬眠状态。冬眠期间，熊的睡眠时间更长，基本不怎么活动。

熊蜂：在天气回暖之前，熊蜂的蜂后会在地面的小孔隙中冬眠。

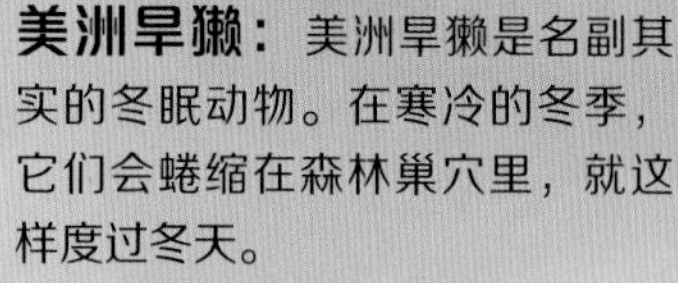

美洲旱獭：美洲旱獭是名副其实的冬眠动物。在寒冷的冬季，它们会蜷缩在森林巢穴里，就这样度过冬天。

小巧的**花栗鼠**是松鼠家族的成员，它们在温带森林的地下挖出结构复杂的洞穴，洞口往往隐藏在岩石或植物下方。

蝙蝠经常在温带森林出没，这里的昆虫是它们的美食。它们特别喜欢以树洞、枝繁叶茂的植物和岩洞为居所，也常常在这些地方冬眠。

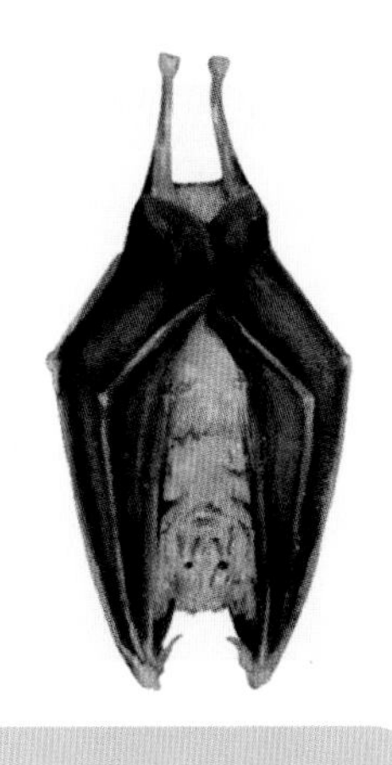

兔子利用保护色巧妙地融入周围的温带森林环境。发现危险来临时，它们可以躲进森林中的洞穴，或者飞速逃离现场。

灰松鼠是温带森林中常见的动物，大部分时间在高高的树上活动。它们会在树洞里筑窝，也会用树叶和树枝搭建自己的小家。

在世界各地的温带森林中都能看到**豪猪**的身影。有些种类的豪猪是身手敏捷的攀爬能手，甚至能爬到树上，还有某些种类的豪猪习惯在树根处或者岩石缝隙中筑巢。

黄鼠狼栖息在世界各地的温带森林中，通常在树底、灌木丛或木头堆附近筑巢（它们的巢穴往往是其他动物搭建的）。

哇，是鹿！

许多鹿类，比如这只马鹿，都是温带森林的居民。绝大多数雄性鹿科动物都长着角。鹿科动物是晨昏型动物，在黎明和黄昏时分最为活跃，此时它们会出来觅食，青草、灌木和其他多叶植物都是它们的美食。

趣味小百科

一般来说，只有雄鹿有鹿角，不过雌性驯鹿也有鹿角。

捕食者

温带森林中既有捕食者，也有被捕食者，这二者必须同时存在，森林才能成为一个平衡的生态系统。捕食者会猎杀并吃掉其他动物，而被捕食者则是被猎杀的目标。捕食者在狩猎时往往具有这些共同特征：它们都牙尖爪利，感官敏锐，身手敏捷，富有力量。正是因为捕食者的存在，森林中被捕食者的数量才能得到控制，植物数量才能维持在稳定水平。如果被捕食者数量激增，那么植物数量就会大大减少。

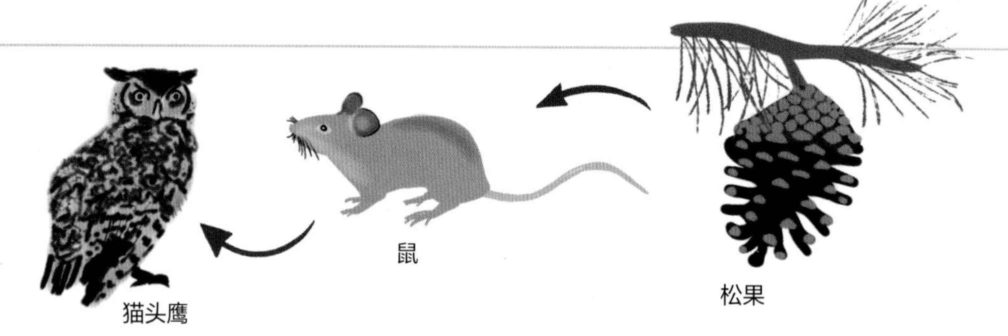

森林里的食物链

捕食者的适应性：爪的特点

· 熊爪强壮有力，向下弯曲，便于做出抓握、攀爬、挖掘和撕裂的动作。

· 温带森林的冬天很寒冷，毛茸茸的熊掌可以起到保暖的作用。

· 在熊掌的支撑下，熊在短时间内的奔跑速度能达到近每小时 48 千米。

趣味小百科

当熊在洞穴中度过寒冬时，它们脚垫上起保护作用的茧通常会脱落。

灰狼是野生犬科中体形最大的物种，它们狩猎时总是成群结队，可以捕杀鹿、驼鹿和马鹿等大型猎物。

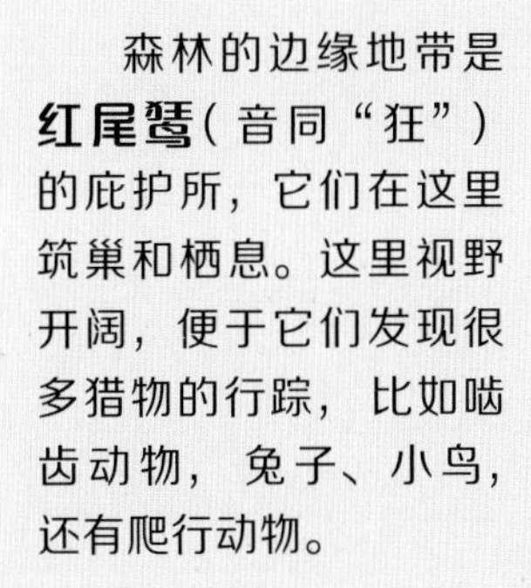

森林的边缘地带是**红尾鵟**（音同“狂”）的庇护所，它们在这里筑巢和栖息。这里视野开阔，便于它们发现很多猎物的行踪，比如啮齿动物，兔子、小鸟，还有爬行动物。

猞猁在欧亚大陆的温带森林中游荡。它们有很强的攀爬能力，会时不时在树上停留，也会在地面上栖息。

赤狐在森林中寻觅各种小动物来填饱肚子，兔子，啮齿动物和鸟类都是它们的口粮。赤狐的皮毛颜色能帮助它们伪装起来。它们感官敏锐，在漆黑的夜里也能捕获猎物。

嗷嗷嗷！温带森林中的熊

熊是温带森林中体形最大的哺乳动物之一，棕黑相间的毛发能帮它们在树丛中隐藏行踪。一般而言，熊是杂食性动物，既吃植物也吃动物。

大大的脑袋
厚厚的皮毛
小耳朵
小眼睛
凸出的口鼻
长长的爪
巨大的熊掌
强壮的腿

趣味小百科

熊会在森林中寻找空心树或洞穴，这是它绝佳的过冬巢穴。

鸟 类

从小巧的鸣禽到贪食的猛禽，森林是各种飞行动物的家园。啄木鸟、火鸡、猫头鹰、鹰、松鸦、林莺和一些雀科鸣禽是这里常见的鸟类；种子、花蜜、水果、昆虫和其他小动物都有可能成为它们的腹中餐；树枝、树洞和灌木是理想的筑巢地点，可以成为温暖的庇护所；水坑、湿地和溪流有水可供饮用。有的鸟类全年生活在温带森林中，有的则是季节性居民。

趣味小百科

当秋季的白天变短，一些鸟类会本能地开始迁徙，飞往世界上更温暖的地方。当春天来临，天气变暖，它们又返回森林，与全年居住在这里的鸟类重聚。

鸟巢的类型

鸟巢的多样性几乎与鸟类本身一样丰富。建造巢穴会用到泥土、树枝、草、羽毛、皮毛、植物纤维和蜘蛛网等材料。鸟类利用这些材料，在树枝、树洞和地面上建造形状各异的巢穴。

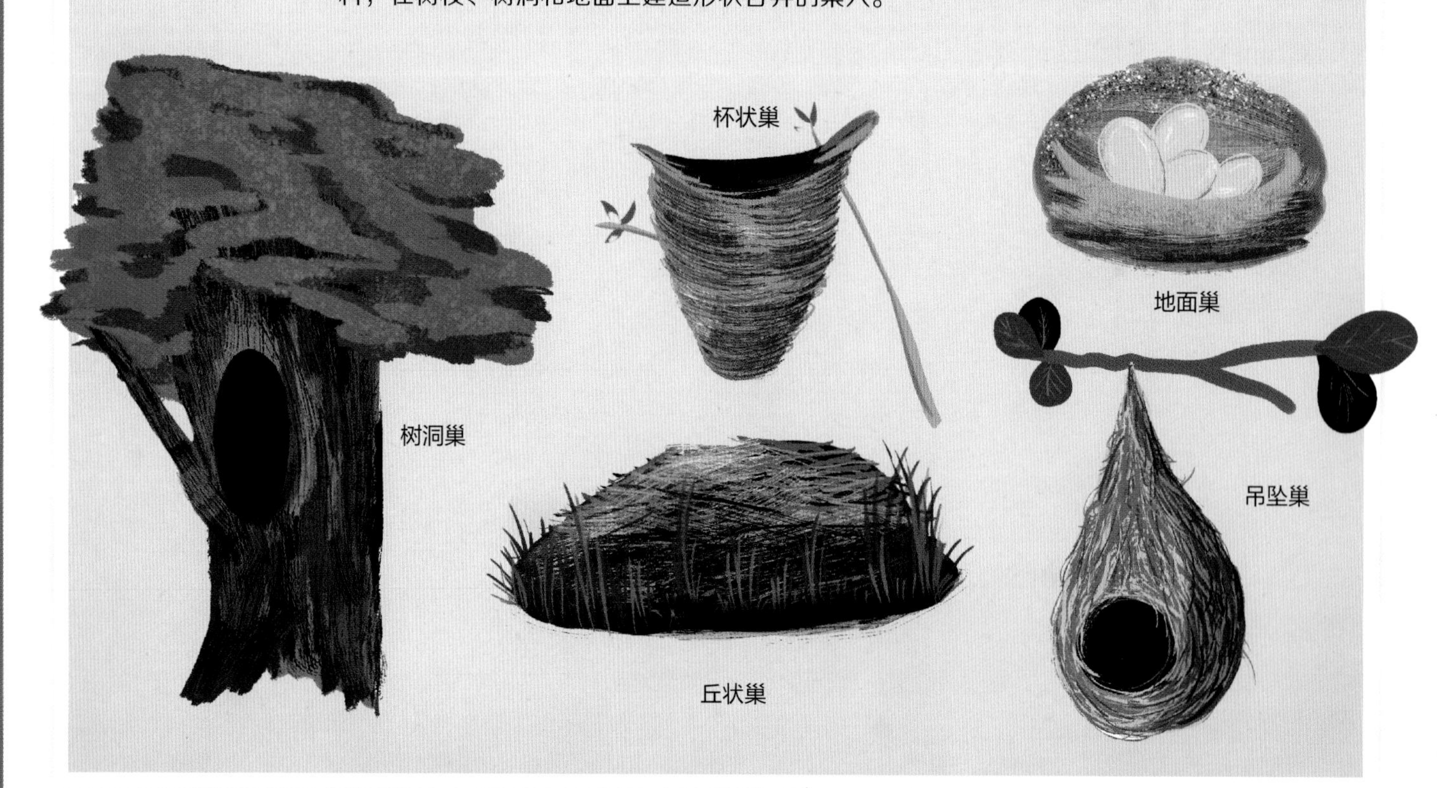

黄褐林鸮的锈褐色斑纹使其完美地融入大型树木的枝干间。黄褐林鸮有多个亚种，分布在欧洲和亚洲。

欧乌鸫以水果、昆虫和蠕虫为食。这种鸟用泥土、树叶和草在茂密的灌木或树上筑巢。

锡嘴雀分布在欧洲和部分亚洲地区，羽毛色彩艳丽，有着强大的喙，能够轻松破开种子，捕食昆虫。它们大部分时间栖息在森林里高大的树冠中。

小巧的**红喉北蜂鸟**是一种候鸟，它们在热带过冬，那里气候温暖，有花蜜可喝，有昆虫可吃。

大斑啄木鸟是欧洲和亚洲温带森林的常住居民，夏季以昆虫为食，冬季则多食用坚果和种子。

火鸡是北美洲许多温带森林生态系统中的常见动物，通常在开阔的田野附近活动。它们主要在森林地表觅食植物和昆虫。

森林中的鸣禽

大山雀及其近亲等鸣禽是常见的森林居民。它们主要利用“嗓音”进行交流：用复杂的旋律来吸引伴侣或保卫领地；用更短、更直接的叫声发出警报。

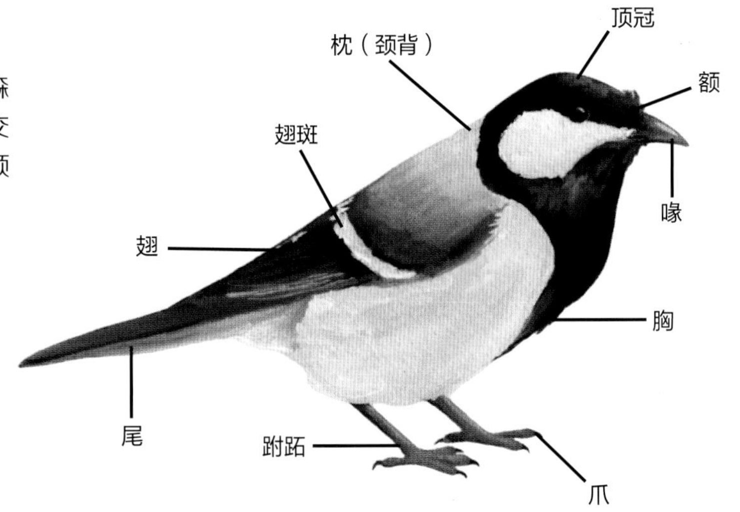

爬行动物与两栖动物

爬行动物与两栖动物大部分时间待在温带森林的地表或靠近地表的地方，这里便于躲藏，可以确保它们的生存和安全。

蛇、蜥蜴、龟等爬行动物的身体被鳞片覆盖，它们像人类一样，通过肺呼吸空气。青蛙、蟾蜍和蝾螈等两栖动物有许多相似特征，它们的体表是皮肤，而非鳞片。

爬行动物与两栖动物是变温动物（也就是俗称的冷血动物），它们的体温会随着周围环境温度的变化而变化，因此在温带森林的寒冷季节，它们会陷入冬眠状态。

趣味小百科

爬行动物与两栖动物会在地下、木头堆、落叶堆等相对安全的地方蛰伏，以保持足够的温暖，度过寒冷的冬季。当气温回升时，它们会再次变得活跃。

两栖动物的生活史

青蛙、蟾蜍和蝾螈通常从果冻状的卵中孵化出来，幼体看起来很像小鱼苗，甚至用鳃来呼吸。它们在水中游动，寻找藻类和植物来吃。为了适应未来的陆地生活，幼体最终会发育出腿和肺。

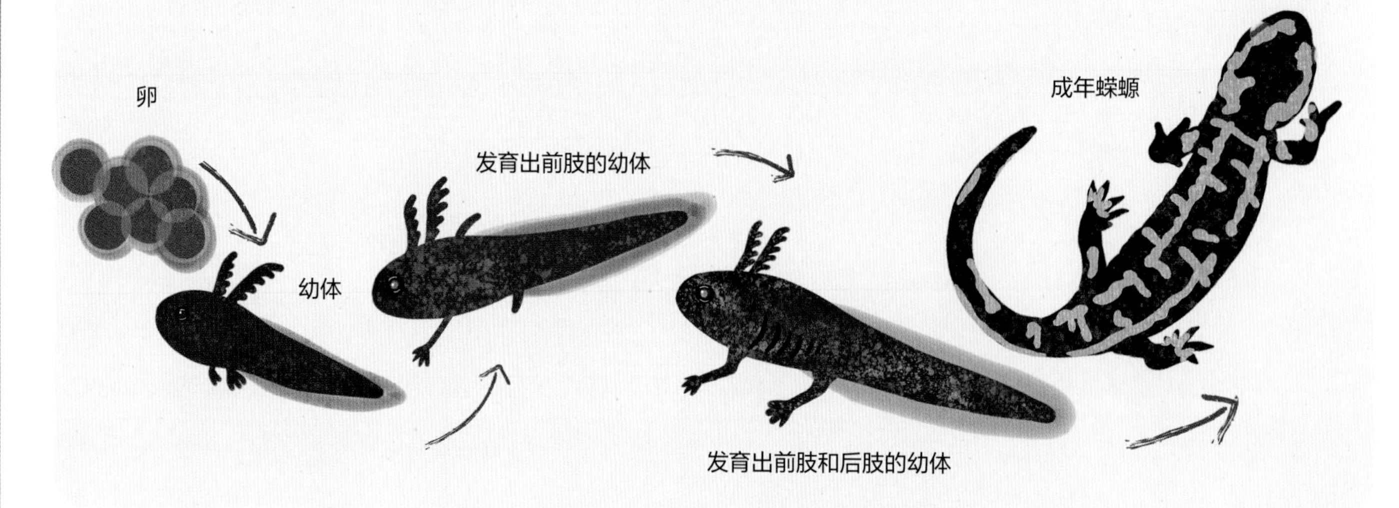

锦箱龟能适应北美温带森林和森林边缘开阔地带的环境，能在森林地表找到食物，也能找到晒太阳的地方和隐蔽之处。

欧洲滑螈栖息在欧洲和亚洲部分地区的温带森林中。它们一年中的大部分时间都生活在陆地上，但在春天会到附近的池塘繁殖。

五线石龙子喜欢栖息在北美洲东部的温带森林中，灌木丛、岩石和树叶都是它们的藏身之处。此外，它们也会在树桩和木头上晒太阳。

长欧锦蛇在欧洲和亚洲部分地区的温带森林中安家，它可以爬到高高的树上，也可以借助保护色和森林地表融为一体。

蹦蹦跳跳

青蛙和蟾蜍虽是近亲，但也存在一些差异。

· 它们都在水生环境中产卵，比如池塘、湿地和水流缓慢的溪流。蟾蜍通常成串产卵，而青蛙的卵则聚集成团块。

· 青蛙可以用牙齿抓住猎物，而蟾蜍没有牙齿，它们使用的是黏糊糊的舌头。

· 青蛙可以用长长的后腿进行较远距离的“飞跃”，而蟾蜍的后腿更适合短距离的跳跃。

· 青蛙的后脚有蹼，而蟾蜍的后脚没有蹼。

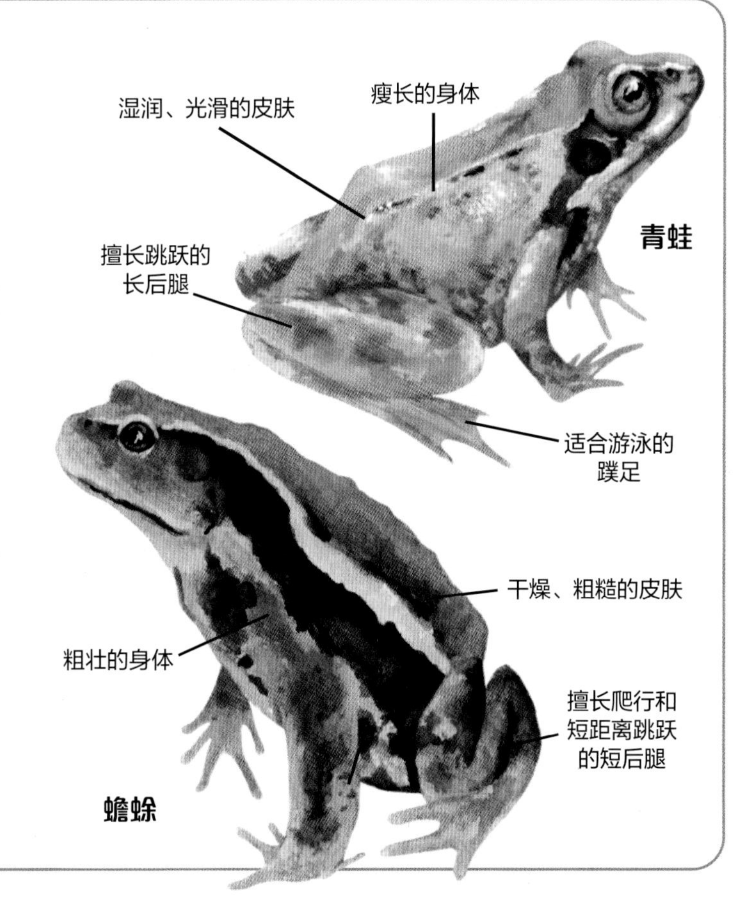

无脊椎动物

蜘蛛、昆虫和蜗牛——哦，我的天！无脊椎动物会爬行和钻洞，还会蠕动和飞行。这些动物不像我们人类一样有背骨或脊柱。它们通常有外骨骼——一种起到保护作用的硬外壳。

有些无脊椎动物扮演着捕食者的角色，比如蜘蛛和蜈蚣。蚯蚓和一些甲虫则是分解者——分解地表层的落叶、尸体和排泄物。

蜜蜂和蝴蝶是传粉昆虫，喜欢在花间飞来飞去。几乎所有无脊椎动物都是更大的无脊椎动物和森林中许多其他动物的捕猎对象。

在温暖的月份，无脊椎动物最为活跃。在冬季，它们可能进入滞育状态，也就是生长的停滞期，你可以理解为这是它们独特的冬眠方式。

错综复杂的网

温带森林中的许多蜘蛛都会通过结网来捕捉猎物。

看似杂乱无章的蜘蛛网能用有黏性的特殊丝线来捕捉猎物。

最常见的轮状蜘蛛网每天可以捕捉超过200只昆虫。

漏斗片状网用来捕捉靠近地面的猎物，蜘蛛在网中央的漏斗处藏身。

有些片状网没有漏斗，像吊床一样悬挂在植物茎、草叶或树枝之间。

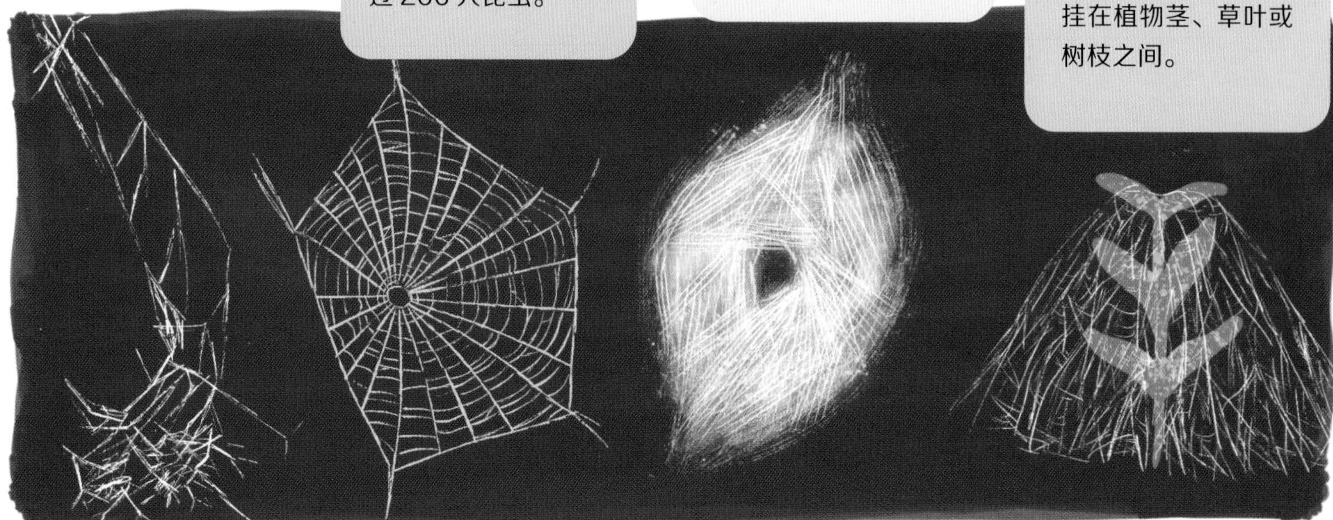

温带森林的落叶间或岩石下栖息着**鼠妇**，它们在夜间出来觅食，受到惊扰时会蜷成一团来保护自己。

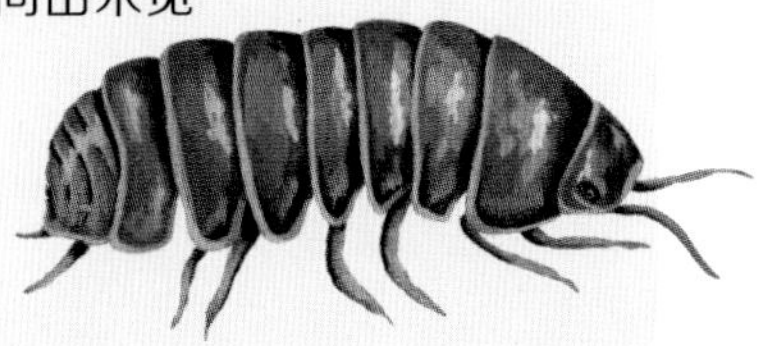

大眼纹天蚕蛾的每个后翅都有一个巨大的眼状斑纹，可以迷惑捕食者。这些外表华丽的飞蛾生活在北美洲的温带森林中。

七星瓢虫原产于欧洲和亚洲，后进入北美。不同于许多昆虫，它的外表不能和以绿色、棕色为主色调的温带森林融为一体。

盖罩大蜗是一种体形很大的陆地蜗牛，原产于欧洲，后来遍布世界各地。如果环境过于炎热干燥，它们就会脱水死亡，因此温带森林是它们的理想栖息地。

蚯蚓在世界各地都很常见。它们的大小从 2.5 厘米到 2 米以上不等。温带森林中随处可见的树荫和落叶有助于它们保持湿润。

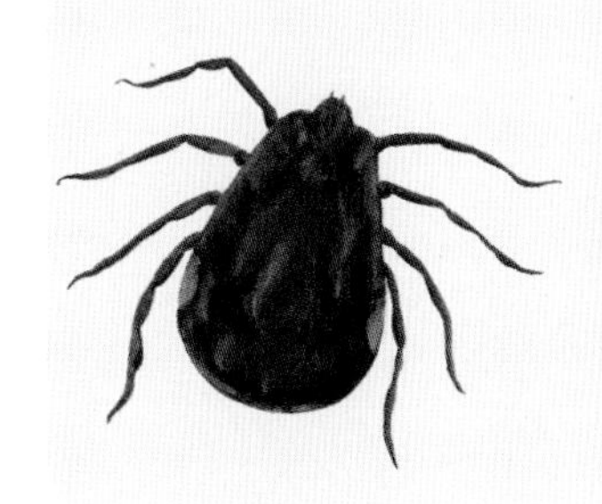

亚洲长角蜱原产于亚洲东部，后遍布世界各地。它们喜欢温带森林和开阔的草地。

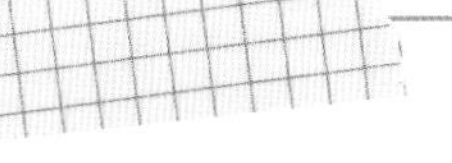

嗡嗡——

在温带森林中，有成千上万种蜜蜂在嗡嗡作响。蜂群的家园叫作蜂巢，它们在这里养育幼蜂和储存食物，也在这里过冬和保护蜂后。

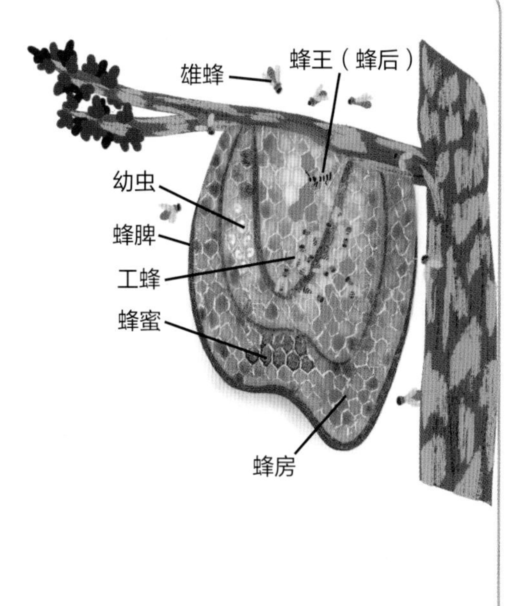

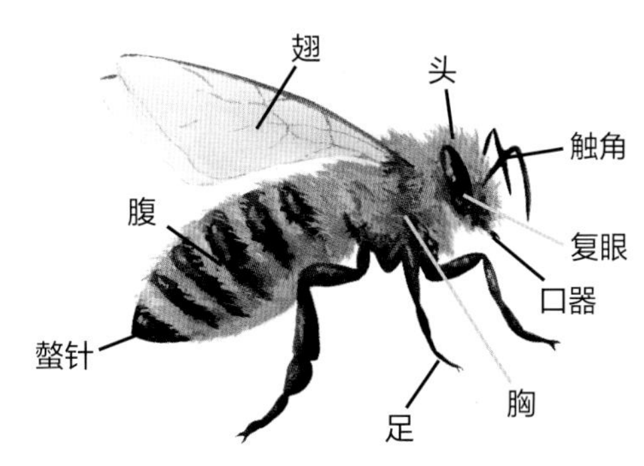

实践活动

这一章带领大家了解了地球上的温带森林，在这个充满活力的生态系统中，我们研究了栖息于此的各种生物。现在，运用你学到的知识，去户外亲身观察野外的树木、树叶、真菌、动物和体验更多惊喜吧！

自然日志

你想要进一步了解温带森林的哪些植物或动物？选择一种，然后仔细观察和研究，了解它们的外观，在自然日志中为其画像。接下来，你可以添加一些相关信息，比如它们的栖息地、体形、颜色，以及是如何适应生存环境的。

隐藏的颜色

你现在已经知道，落叶乔木的叶子中含有绿色的叶绿素，可以捕获阳光进行光合作用。到了秋天，当树叶不再产生叶绿素的时候，树叶的其他颜色就会“闪亮登场”。本实验将通过色谱法展现这些颜色。

1. 准备以下用品：落叶乔木的树叶、剪刀、玻璃瓶、酒精、咖啡滤纸、胶带和铅笔。
2. 把树叶撕碎，铺满玻璃瓶瓶底。
3. 将酒精倒在树叶上。让酒精刚好没过树叶，然后再多倒一点。
4. 把咖啡滤纸剪成宽约 2 厘米的长条（长度约和玻璃瓶等高），然后将滤纸条的一端卷在铅笔中间并用胶带固定。
5. 把铅笔横着卡在瓶口，让滤纸条刚好垂进酒精中。如果滤纸条太长，可以把它在铅笔上多卷几圈。
6. 第二天检查一下滤纸条，看看效果如何。
7. 用不同树的叶子重复以上步骤，再对比一下结果。

你可能会注意到滤纸条上出现了几种不同颜色的条纹。当树叶中不同颜色的色素溶解在酒精中时，它们会以不同的速度沿着滤纸条逐渐向上移动和扩散。

比较阔叶和针叶

阔叶和针叶都能通过光合作用为树木制造养分，但它们适应环境的策略各有不同。你可以在森林中观察这两种叶子，并进行比较，寻找差异。或者，你也可以收集落叶带回家观察。随身携带显微镜或放大镜有助于你观察到更多树叶的特征。把你的观察结果画在自然日志中，并制作文氏图或 T 形图来记录树叶之间的异同。

蒸腾作用演示

树木会通过叶片背面的小孔向空气中释放水分，这个过程就是蒸腾作用。蒸腾作用能帮树木降温，还能促使根从土壤中吸收水分，促进水分运输到叶片。你可以通过简单的演示来了解这一过程。

1. 准备以下用品：一个三明治大小的塑料袋、一根橡皮筋、你的自然日志、铅笔、彩色铅笔。你还需要找到一棵阔叶树，如果找不到树，家庭盆栽也可以。
2. 选一个阳光充足的日子，把塑料袋套在枝叶上（至少套住一片叶子），用橡皮筋绑紧塑料袋的开口处，防止空气大量进出。
3. 在自然日志中画出你的实验对象并涂色，一步步记录下自己是如何处理它的。
4. 几个小时后回来观察塑料袋。塑料袋现在看起来和之前一样吗？有没有什么不同？把你的观察结果记录在自然日志里。
5. 塑料袋里可能有一些小水滴或湿气。你认为这是为什么？在回答这个问题时，记得用上“蒸腾作用”这个词。

实践活动

寻找踪迹！

森林中有很多动物，但我们很难看到它们的踪影，因为它们一旦感觉到有人在附近，就会躲藏起来。然而，我们身边其实处处都是动物活动的痕迹，你可以训练自己去发现它们。发动你的“自然侦探”技能，去大自然中寻找动物的脚印、粪便、皮毛、巢穴、鹿角摩擦的痕迹、齿痕，以及它们的小憩之处吧。你可以用任何方法记录这些痕迹，不管是拍照，还是在自然日志中画画，抑或是把发现的一切列作一个清单。

粪便

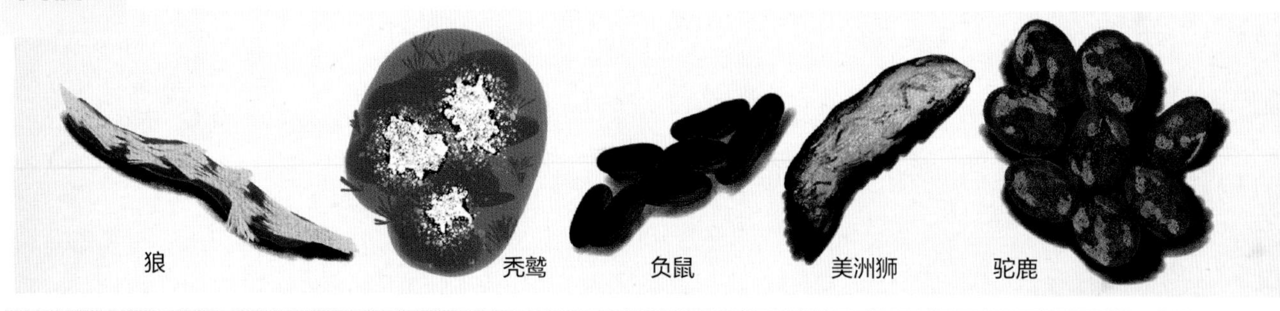

狼　秃鹫　负鼠　美洲狮　驼鹿

脚印

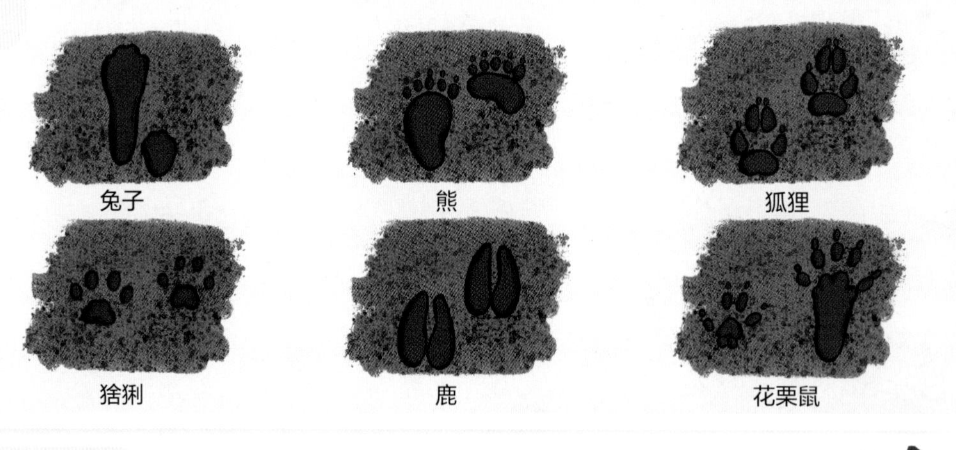

兔子　熊　狐狸

猞猁　鹿　花栗鼠

其他痕迹

蜕下的蛇皮

猫头鹰吐出的食茧（未消化的食物）

被吃掉一半的植物　皮毛

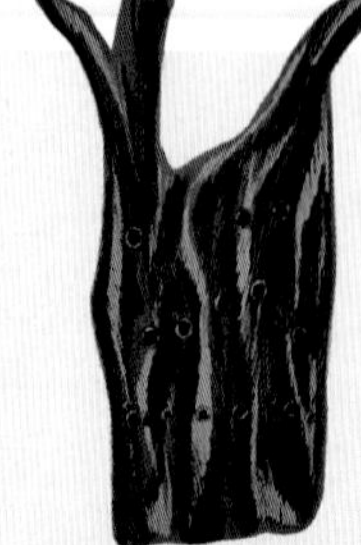

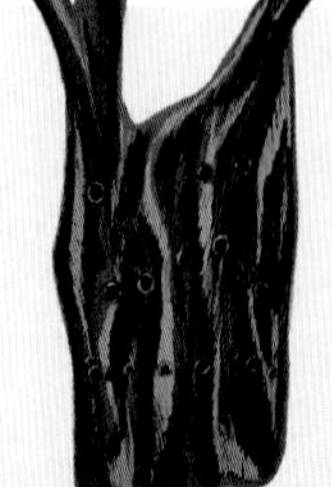

啄木鸟留下的洞

拓印树叶和树皮

开始你的森林探险吧，记得带上自然日志或笔记本，还有蜡笔或彩色铅笔。你可以用这些简单的工具拓印树叶的形状和树皮的纹理——只需将纸贴在树叶或树皮上，用蜡笔侧面或彩色铅笔的笔尖在纸上涂色。随着蜡笔或彩色铅笔在纸上摩擦，树叶或树皮的拓印画就跃然纸上了。一定要多拓印几种不同形状的树叶和不同纹理的树皮哦！你还可以借助书籍或手机应用程序来识别动植物，这样就可以给拓印画标注准确的名称了。

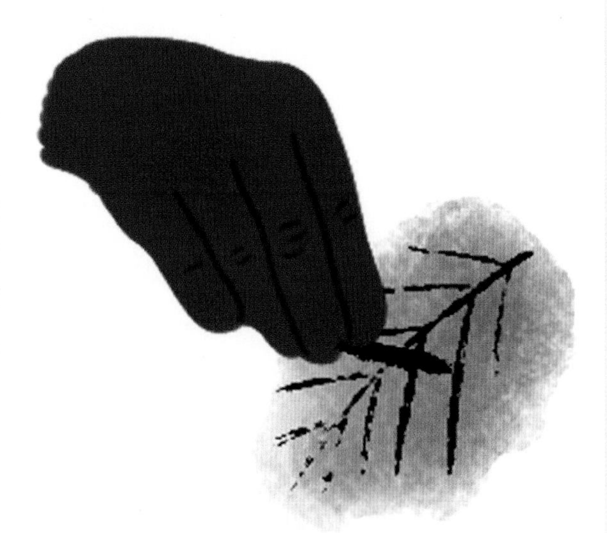

用常青树的树枝作画

常青树的树枝可以成为画笔！在地上找一根掉落的树枝，上面最好有还未脱落的针叶。你可以就这样“原封不动”地握住树枝，用针叶作画；也可以摘掉针叶，用橡皮筋或胶带把它们固定在一起。给针叶蘸上颜料，创作出你的杰作吧。

你知道吗？

植物是自养生物，必须自己制造养分。我们人类需要营养时，可以跑到储藏室或打开冰箱获取食物，但植物可没法这么做。植物通过光合作用来获得生存所需的养分，另一方面，它们也能成为动物的养分。植物从周围环境中吸收二氧化碳和水，让植物呈现出一片绿意的化学物质——叶绿素还让植物得以吸收阳光。阳光为植物提供能量，植物因此可以利用吸收的二氧化碳和水制造糖分。在光合作用的过程中，植物还能制造氧气并释放到大气中。植物叶片上的小孔正是氧气进入大气的通道。

第二章

荒漠

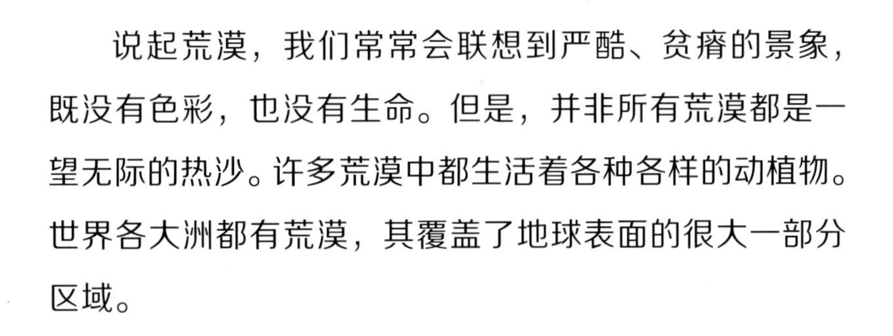

说起荒漠，我们常常会联想到严酷、贫瘠的景象，既没有色彩，也没有生命。但是，并非所有荒漠都是一望无际的热沙。许多荒漠中都生活着各种各样的动植物。世界各大洲都有荒漠，其覆盖了地球表面的很大一部分区域。

有些荒漠分布在崇山峻岭之间，有些荒漠位于沿海或冰雪覆盖的地区。这些地区有一个共同特征：干燥。荒漠很干燥，这意味着这种生态系统少有湿气。水分从地面蒸发的速度比补充的速度要快。荒漠每年的降水量不足 25 厘米，因此不管是降雨还是降雪，都算是大事一件啦。

生活在荒漠中的动植物必须适应极端的干旱环境，生活在荒漠中的人类也不例外。世界上有哪些不同类型的荒漠？荒漠的土壤有何差异？土壤又如何影响以荒漠为家的动植物？在本章中，我们将探寻这些问题的答案。

荒漠生态系统

荒漠遍布各大洲，覆盖了很大一部分地球表面。荒漠的环境非常极端，因此这里栖息着一些独有的物种。物种的多样性、奇特的地貌和重要的资源使世界各地的荒漠成为宝贵的生态系统。

世界各地的荒漠

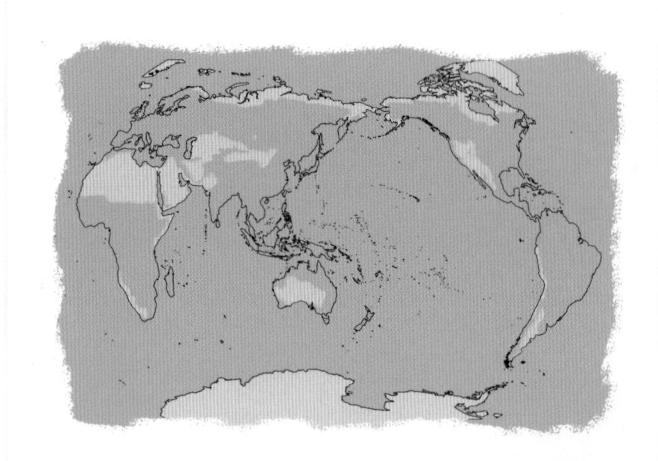

趣味小百科

在很多人看来，荒漠不过就是荒芜的土地。因此，这条知识或许并不出人意料：荒漠的英文“desert”来自拉丁语，意为“废弃物”。

趣味小百科

白天，炎炎烈日炙烤着大地（当然，南极洲除外），到了晚上，荒漠又非常寒冷，因为环境中缺少湿气，不能锁住热量。许多荒漠动物习惯在夜间活动，以充分利用夜晚较低的气温条件。

各种类型的荒漠

不是所有荒漠都阳光明媚，也不是所有荒漠都风沙弥漫、气温炙热。荒漠分为不同类型，遍布世界各地！

有些荒漠炎热又干燥，比如非洲的**撒哈拉沙漠**，这里白昼的气温一年到头都很高。这类荒漠中的植物都贴着地面生长，动物为了躲避烈日经常在地下活动。

大陆的边缘可能出现沿海荒漠，比如南美洲的**阿塔卡马沙漠**。这类荒漠的气温一般较为温和，从海洋吹来的冷空气会形成雾气，使得它们比其他荒漠更加潮湿。

北美洲的**大盆地**属于半干旱荒漠，极端温度较为少见，降水量稍多。夜间会有露水凝结在植物上，这能防止植物干枯。

还有一些荒漠位于寒冷地带（比如**南极洲**），那里的冬季漫长又寒冷，短暂的夏季稍有回暖。冬季会降雪，春季会有一些降雨。

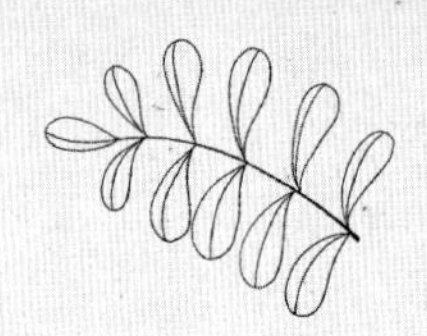

气候与天气

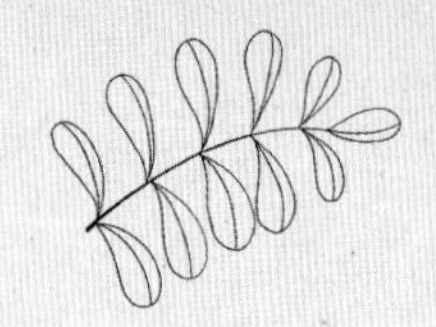

荒漠全年很少降雨或降雪，而地表的水分和荒漠植物内部的水分都在不停蒸发。即使偶有降水，水分也可能在到达地面之前就已经蒸发殆尽了！寒冷的荒漠大多位于极地或温带地区，冬季严寒，夏季气温相对有所回暖，但持续时间很短。炎热的荒漠则大多位于亚热带地区，靠近高温的热带。

沙尘暴

沙尘暴也叫“哈布沙暴”，可在沙漠中迅速暴发。如果环境干旱，而风速又持续提升，地面上的沙子就会被卷到空中，形成大范围的沙尘墙。

趣味小百科

荒漠的温度可以低至-90℃，高达 80℃。

当荒漠里开出花朵

降水量如果足够大，就可促使荒漠干燥土壤中的种子和球茎发芽。这时，我们也许就能看到荒漠里开出花朵。这种条件有利于植物生长、开花，为荒漠景观增添更多美景和色彩。

荒漠是如何形成的？

在赤道附近的高气压带，干燥的空气离地面更近，太阳使得空气温度上升，地表也随之被加热，炎热干燥的荒漠就是这样形成的。山脉也是促使荒漠形成的一个因素。温暖潮湿的空气沿着山的迎风面上升，逐渐冷却后形成降雨或降雪。而在山脉的另一侧，干燥的空气在下降过程中升温，从而形成干旱地区。

趣味小百科

荒漠的形成方式和地理位置各不相同，从而呈现不同的特征。

趣味小百科

在荒漠中，风化过程通常很缓慢。原因很简单，荒漠里几乎没有水来加速风化。

荒漠中急升骤降的温度容易导致岩石碎裂，水在岩石缝隙之间凝结成冰也会加速这一进程——风化作用就这样发生了。大量碎石被骤雨裹挟，或快或慢地被冲刷到山下，在这个过程中，岩石进一步磨损，土壤便形成了。

荒漠中的风化作用和侵蚀作用

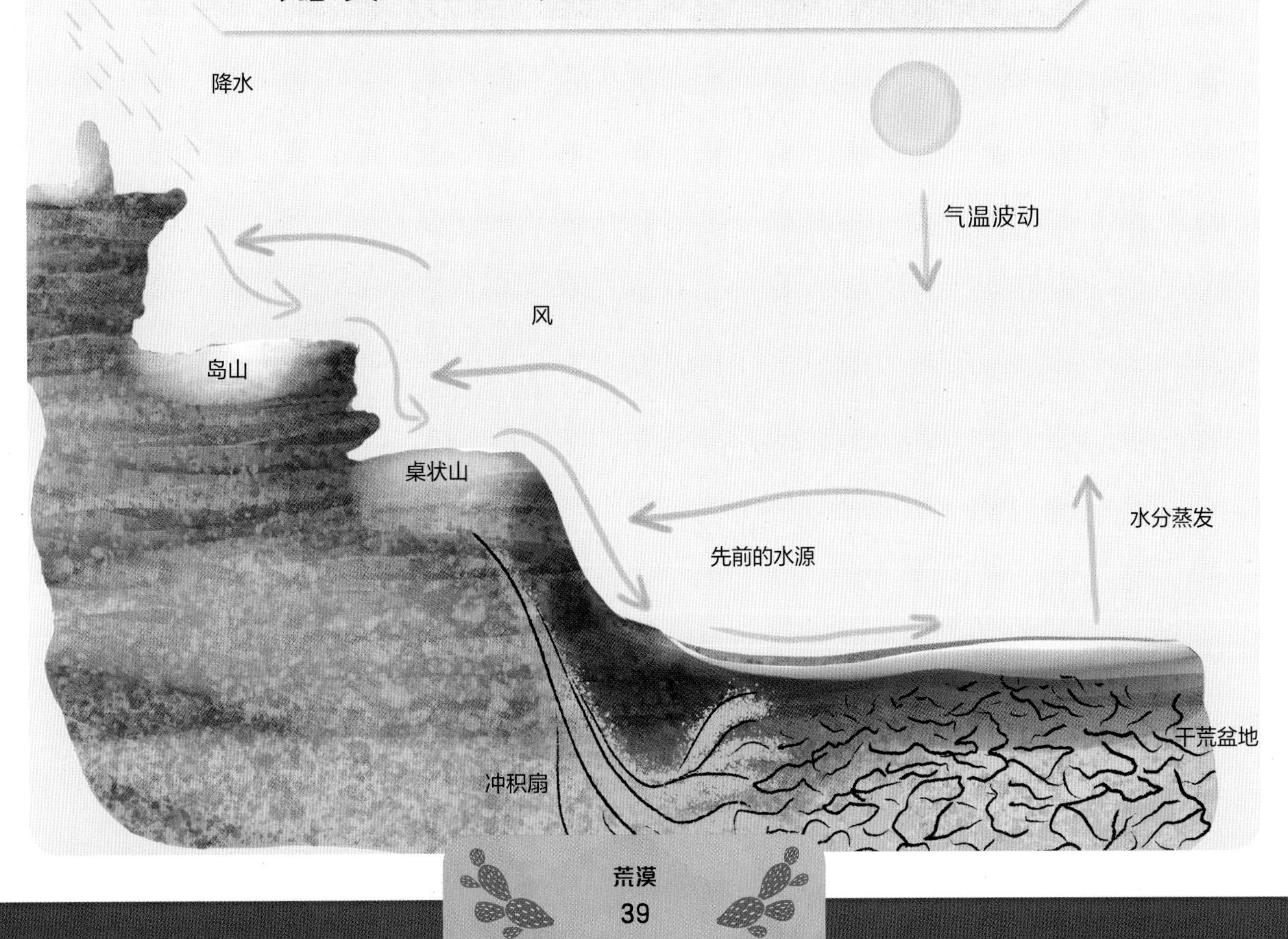

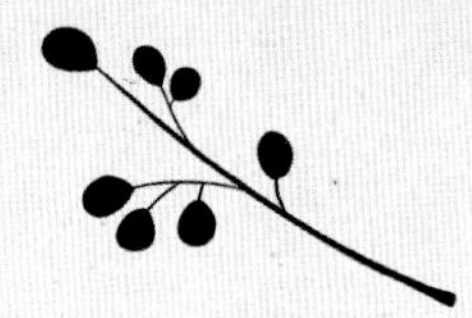

地貌

荒漠地貌丰富多样，有的高耸壮观，有的宽广平坦。

当岩体边缘部分硬度较低的岩石被侵蚀，剩余部分会像岛屿一样凸起，**岛山**就形成了。岛山通常是坚硬的岩浆岩，顶部呈圆形。

冲积扇是由荒漠中的降雨造成的，雨水形成径流，将沉积物带到山下。这些沉积物可能是岩石、沙子或淤泥，也叫冲积土。

桌状山是高大的丘陵或山脉，宽阔的顶部岩层被风和水侵蚀得十分平坦。

拱门型岩石高高地耸立在干旱的荒漠之上。岩石长年累月经受水流和风的侵蚀而风化，裂缝变宽，岩体磨损，最终形成了这样的天然拱门。

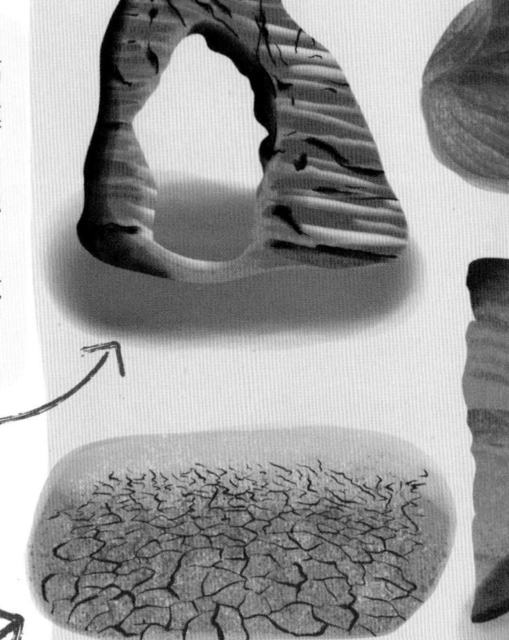

在风的吹拂之下，沙子越积越多，**沙丘**就这样形成了。沙丘分为线状沙丘、新月形沙丘、星状沙丘，高度可达数百米呢！

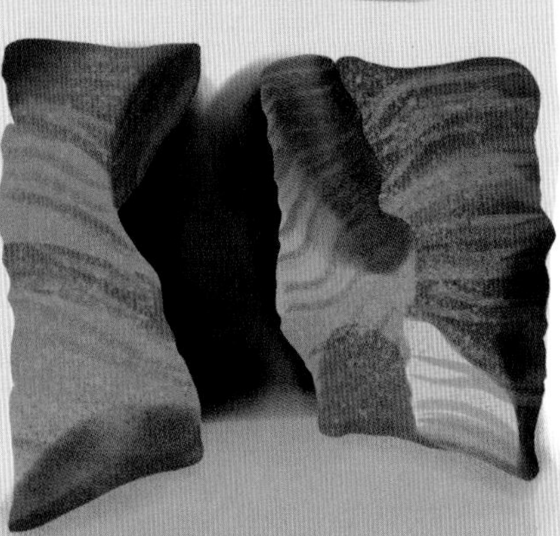

干荒盆地干旱异常，但雨季可能会有积水。在一年中的其他时间里，干荒盆地的地表呈焦干龟裂状。

水流侵蚀岩石，带走沉积物，在沙漠腹地形成了深深的**峡谷**。

荒漠土壤

荒漠土壤有沙质的，有岩石质的，甚至可能含有黏土，具体质地和颜色取决于形成土壤的母质层（由岩石风化物等构成）。

荒漠里的沙子

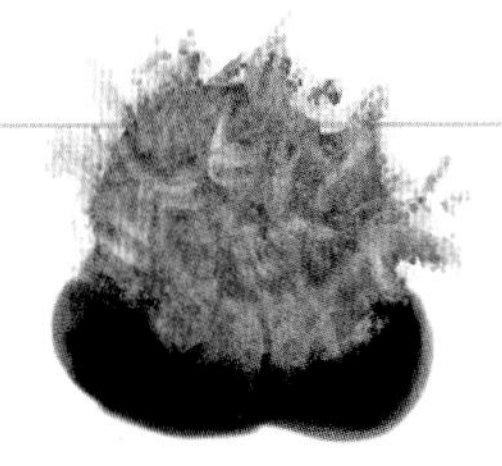

红色沙：含铁的氧化物

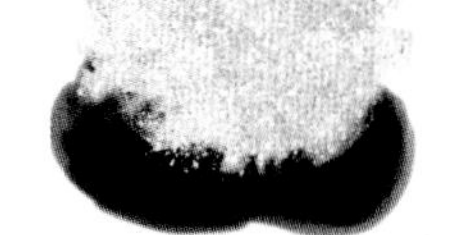

白色沙：含石膏、石英

橘色沙：含铁、石灰岩

粉色沙：含铁和珊瑚

黑色沙：含玄武岩

趣味小百科

荒漠土壤的形成需要时间，因为荒漠的风化过程缺乏水分，而且刮起的大风会将土壤吹走。

大多数荒漠土壤是旱成土，缺乏水分和腐殖质（由生物群落中动植物的尸体分解而来）。新成土则是一种相对年轻的土壤，也存在于荒漠岩层和沙丘中。

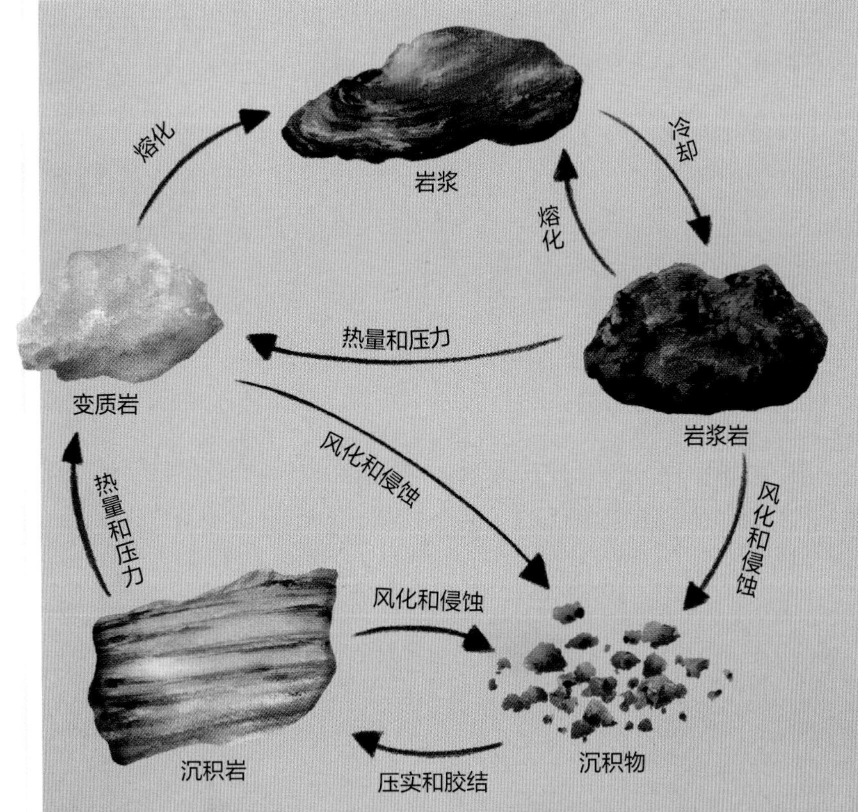

岩石循环

也许在你的印象中，岩石是纹丝不动又牢不可破的。但其实，岩石的磨损和沉积一直发生在岩石循环这个过程中。

岩浆在地下或地表冷却之后，就形成了**岩浆岩**。

沉积物在长期的压力和热量的作用下被压实、胶结在一起，形成了**沉积岩**。

岩石的结构和矿物质在各种作用下发生改变之后，我们就将其称为**变质岩**，因为它经过了变质作用。

 仙人掌的生存环境 

仙人掌具备多种适应能力，能够在荒漠环境中茁壮成长。仙人掌为各种动物提供食物、水分和栖息地，对整个生态系统至关重要。

仙人掌表皮覆盖着一层厚厚的角质层，可以防止水分流失。

仙人掌是一种多肉植物，将水分储存在茎中。

仙人掌密集的刺既能起到自我保护的作用，又减少了直接暴露在阳光下的表皮面积。

仙人掌还能在白天关闭气孔，晚上再打开气孔，以此来保存水分。

趣味小百科

大多数仙人掌物种原产于北美洲和南美洲，其中许多已被引入世界各地。

仙人掌属于仙人掌科植物。

仙人掌的根系生长在地表或浅层土壤，且向四面延伸，以便在下雨时收集尽可能多的水分。

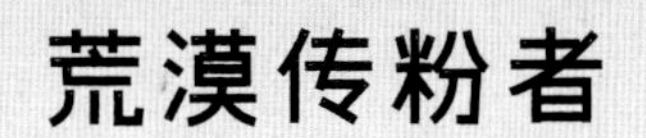

荒漠传粉者

某些种类的**蝙蝠**在迁徙途中经过荒漠时会吸食花蜜，为荒漠植物传粉。

传粉者在花丛之间流连忘返，吸食甜美的花蜜，并用自己的皮毛、羽毛或其他毛状物采集花粉。当一朵花的花粉被带到同种植物的另一朵花之上时，授粉就可能发生。授粉后，植物会结出种子，有了种子，新的植物才得以生长。

蝴蝶长着吸管状的口器，用来吸食花蜜。

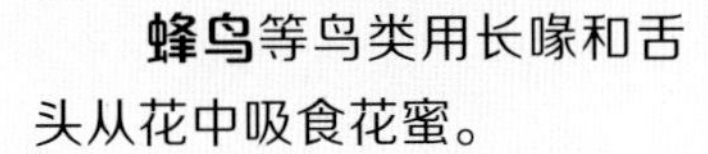

蜂鸟等鸟类用长喙和舌头从花中吸食花蜜。

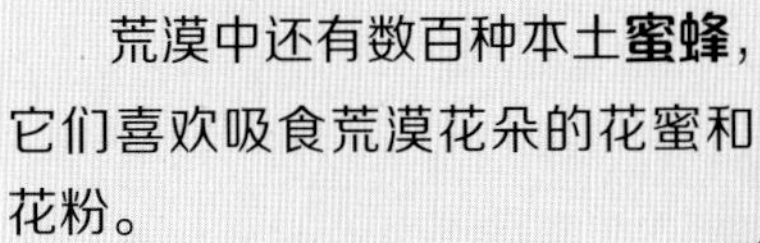

荒漠中还有数百种本土**蜜蜂**，它们喜欢吸食荒漠花朵的花蜜和花粉。

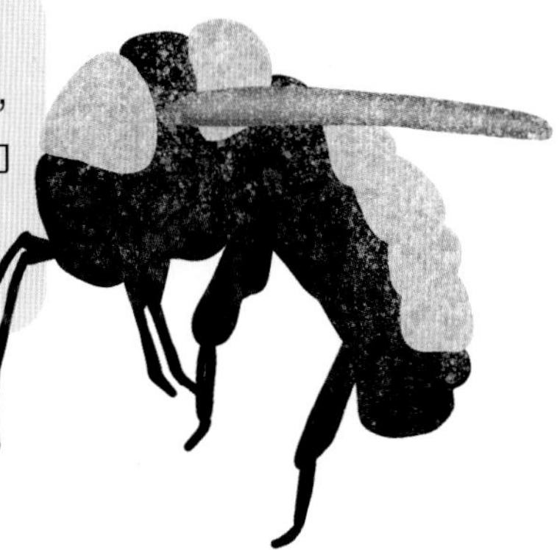

趣味小百科

荒漠植物在传粉者的帮助下才能结出种子，从而繁殖后代。

常见植物

在地广人稀的荒漠中，树木通常寥寥无几，草和灌木比较低矮。除了春季的开花时节，这里没有太多颜色变化，植物和岩石、沙地融为一体，一些寒带的荒漠则被积雪所覆盖。

那么，在这种条件恶劣的生态系统中，万物如何生长呢？

· 植物可能长期处于休眠状态，等到有水分时才长出新叶，开出花朵，并在很短的时间内结出种子。

· 树木可能有很长的根系，以汲取深藏于地表之下的地下水。

· 植物要么长着厚厚的表皮，要么体表覆盖有蜡质层，以防止水分流失。

· 许多植物叶子很小，甚至根本没有叶子，以减少水分流失。

· 有些植物没有叶子，而是长着尖刺。这些尖刺能防止好奇的生物咬伤它们储存水分的茎。

趣味小百科

荒漠中的树木往往分布稀疏，不需要彼此争夺水资源。

仙人掌的生活史

许多仙人掌生长速度缓慢，寿命从 20 年到 200 年不等。不过，即使是寿命超过一个世纪的仙人掌，最初也只是一粒落在荒漠土壤中的小种子。

· 环境变得温暖、湿润的时候，种子就会发芽。

· 在生命的最初几年里，小仙人掌幼苗每年可能只长高 2.5 厘米—5 厘米。

· 到了成年期，仙人掌会先长出花蕾，然后开花。

· 仙人掌会结出果实。动物吃掉果实后，种子会随动物的排泄物散播出去，然后长出新的仙人掌。

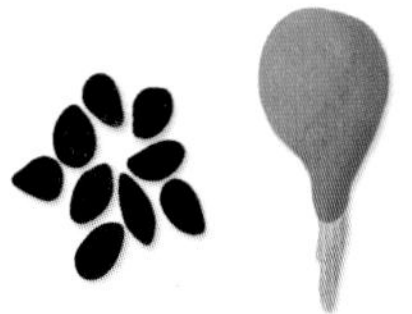

龙舌兰是一类多肉植物，原产于北美洲和南美洲的荒漠地区。许多龙舌兰长长的叶片上都长着刺。

沙漠百里香是一种草本植物，不需要太多的水分就能在干燥的荒漠土壤中生存，炙热的撒哈拉沙漠中就有它的踪影。

三齿蒿是一种灌木，根系有长有短，可以汲取不同深度的水源。在北美洲较为寒冷的荒漠中能找到它们的身影。

仙人掌科下有近2 000个种，它们是美洲常见的荒漠植物。大多数仙人掌都带刺，茎看起来粗大肥厚。

南极漆姑草生长在白色荒漠——南极洲的部分海岸线上，宽宽的叶片形状简单，开着黄色的杯状小花，在岩石之间格外醒目。

禾本科植物的根系能迅速吸收荒漠中的少量雨水。**针茅**生长在北美洲和南美洲的荒漠中，种子可以附着在动物的皮毛上，也可以随风散播。

荒漠里的树木

荒漠里的树木可产食物、纤维，也能提供庇护和阴凉。右图中的海枣树能结出甜美的果实。它在干燥的土壤中也能茁壮成长，在温度较高的环境中能更好地授粉和结实。

趣味小百科

荒漠树木的根系通常会向四周延伸到很远，以尽量获取水分。

常见动物

荒漠动物在荒漠生态系统中扮演着捕食者、被捕食者、分解者等许多重要角色。它们具备特殊的适应能力，能在干旱的荒漠条件下生存。

· 有些动物有迁徙的习性，以寻求温度较适宜的环境。

· 有些动物习惯在夜间活动，以躲避阳光。有些动物是晨昏型的，喜欢在黎明和黄昏时分活动。

· 体形较小的动物可能会在植物和岩石下寻找阴凉，也可能钻进洞穴或沙地中躲避高温。

· 由于水源稀少，荒漠动物所需的水分主要从食物中获取。

夜行性

夜行性动物具备哪些独特的适应能力，帮助它们在夜间的荒漠中求生？

许多夜行性动物都有**大大的眼睛和耳朵**，嗅觉也很灵敏，能够发现天敌和猎物。

蝙蝠通过回声定位在黑暗中找到方向。

蝎子身上长着特殊的毛发，能够感知空气中的振动。

一些**蛇类**有感温器官，能在不依赖视觉的情况下探测猎物的方位。

趣味小百科

夜行性动物在夜间活动，白天呼呼大睡。

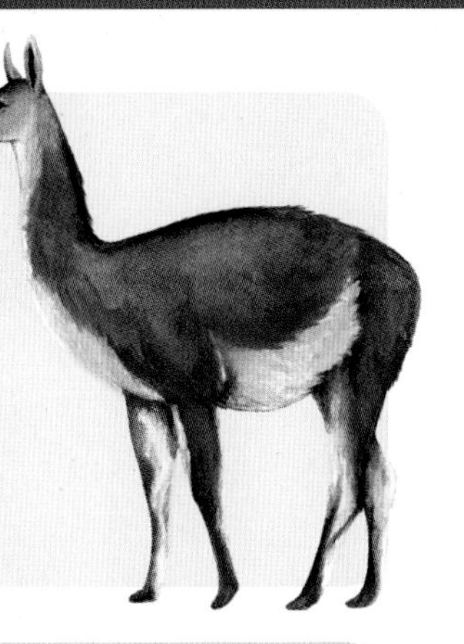

原驼与骆驼、美洲驼是近亲，它们的脚擅长在岩石地上奔走，浓密的睫毛可以遮挡飞扬的沙尘。它们生活在南美洲的干旱地区。

长耳跳鼠最早发现于蒙古和中国的荒漠，是一种在夜间活动的啮齿动物。它们的耳朵有助于散发热量，保持凉爽。长耳跳鼠能够高高跳起捕捉昆虫，昆虫是它们的主要食物来源。

西猯是群居动物，生活在北美洲的荒漠里，在中美洲和南美洲的热带环境中也有分布，主要以植物为食。

大棕蝠通过回声定位来探测猎物，在飞行中捕捉昆虫等食物。它们的飞行速度很快，能在夜间觅食时躲避猫头鹰。

草兔生活在非洲荒漠中，借助保护色和荒漠融为一体。大大的耳朵和荒漠宽阔的视野有助于它们发现捕食者的踪影。这种野兔还能攀爬、游泳和快速奔跑。

大羚羊生活在非洲、中东的荒漠和其他干旱地区，可以通过呼吸来调节体温，流向大脑的血液在流经鼻腔时会释放出热量，从而防止大脑温度过高。

骆驼

骆驼在驼峰中储存脂肪，以备在没有食物或水的情况下使用。骆驼多长了一层睫毛，还可以关闭鼻孔，以防止沙子进入眼睛和鼻子。它们行走速度很快，每走一步都会张开脚掌，所以在沙地上也能站得稳稳当当。

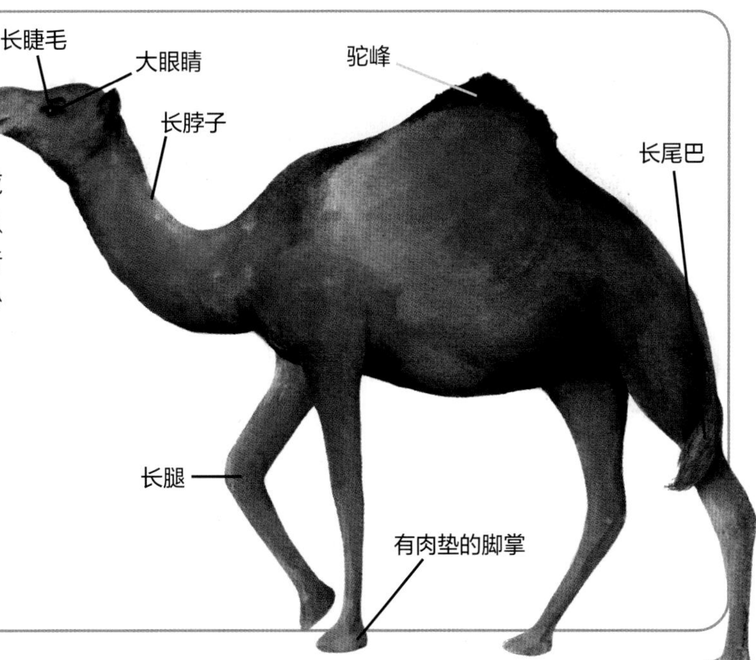

趣味小百科

单峰驼只有一个驼峰，而双峰驼则有两个。

捕食者

鬣狗、郊狼、响尾蛇和蝎子等捕食者对荒漠生态系统非常重要。它们的猎物通常是小型食草动物，包括哺乳动物、爬行动物、两栖动物、鸟类和昆虫等。荒漠中的捕食者能把小型动物的数量控制在一定范围内，维持动物种群的均衡发展。食草动物的数量得到了控制，就不会激烈争夺有限的资源，就能保持植物种群的均衡发展和稳定增长。

荒漠里的食物链

捕食者的适应性：感官

· 狼拥有敏锐的听觉和嗅觉，这是它们作为捕食者的重要感官。

· 狼的嗅觉很灵敏，可以发现 1.6 千米以外的猎物。

· 大眼睛能聚拢大量月光，以提高狼或其他动物在黑暗中的视觉。

趣味小百科

如果捕食者沦为更强大的生物的捕食对象，捕食者就转换为了被捕食者。

鬣狗类动物栖息在非洲和亚洲的荒漠地区，虽然经常以腐肉为食，但在捕猎方面依旧能力超群。它们多在夜间活动，颌部非常有力，能咬碎猎物。

澳洲野犬生活在澳大利亚的荒漠中，在其他生态系统中也能看到踪影。无论是单独行动还是集体行动，它们都是十拿九准的捕食者，主要以蜥蜴、小型哺乳动物（如小袋鼠）、鸟类等为食。

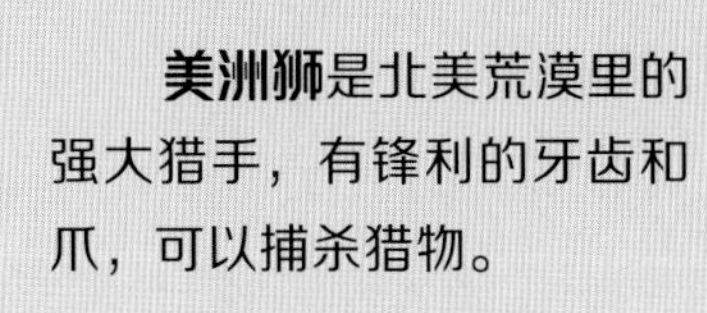

美洲狮是北美荒漠里的强大猎手，有锋利的牙齿和爪，可以捕杀猎物。

金雕分布在北美洲、欧洲、非洲和亚洲。它们喜欢栖息在荒漠等开阔的生态系统中，视力惊人，能随时觉察到周围的动静。

荒漠中的狼

阿拉伯狼（灰狼阿拉伯亚种）长着锋利的牙齿和有力的颌部，身体瘦长而结实，耐力惊人，能够长途跋涉寻找猎物。这些都让阿拉伯狼成为中东荒漠中令人生畏的捕食者。

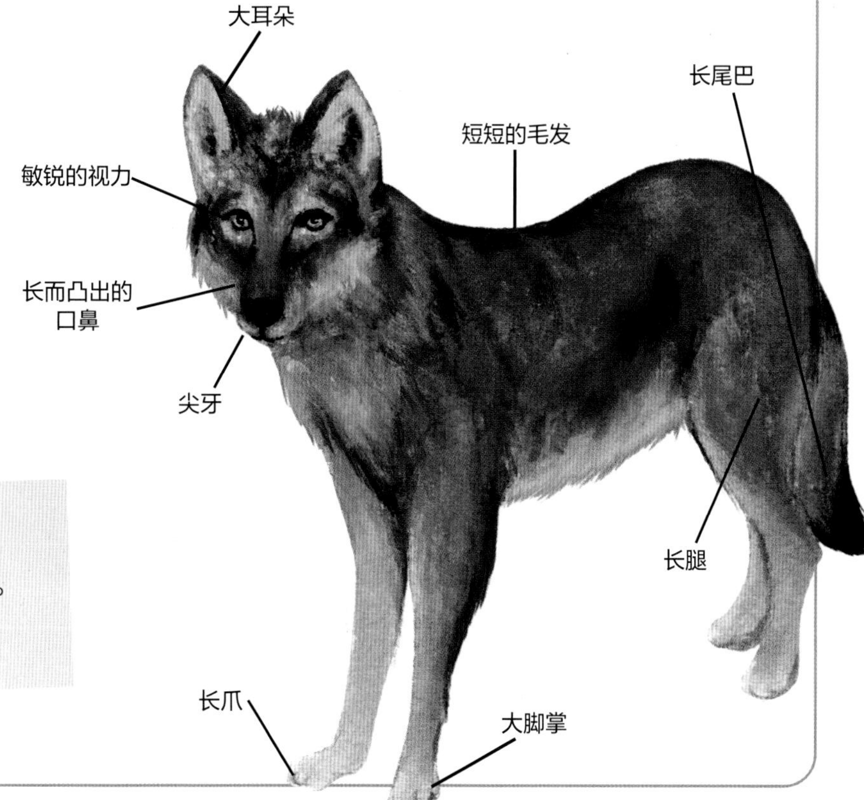

趣味小百科

阿拉伯狼通过舌头和耳朵来散热。

鸟 类

荒漠中的鸟类小到蜂鸟，大到猛禽，都在荒漠生态系统中扮演着许多重要角色，有的是传粉者，有的是捕食者，有的是被捕食者。它们在灌木、仙人掌甚至地面上筑巢，与植被的颜色融为一体。

鸟类的翅上长着不同类型的羽毛。正是因为这些羽毛，它们才得以飞行。

· 初级飞羽最长，从翅的前缘伸出，推动鸟类在空中飞行。

· 次级飞羽沿着翅的中部生长，帮助鸟类升空。

· 覆羽叠在飞羽外层，能减少空气阻力，提高飞行效率。

趣味小百科

鸟类的翅有强大的肌肉，以及3个主要的骨骼（肱骨、桡骨和尺骨）。

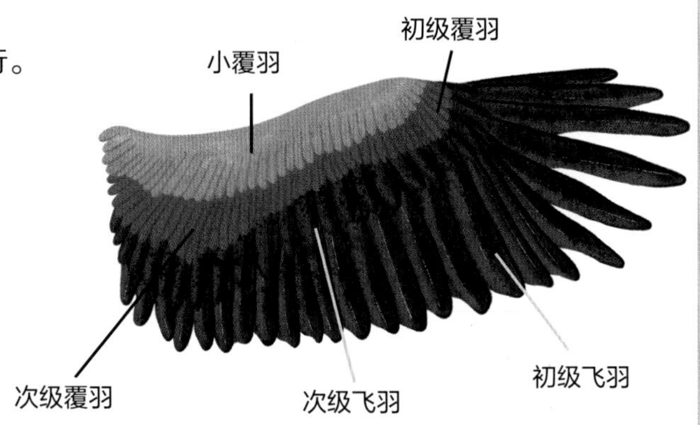

猛禽：食肉鸟

猛禽在荒漠中可谓所向披靡，因为这里的开阔地形能让它们看清很远的事物。荒漠里有岩架、稀疏的树木和高大的仙人掌，这些都是它们用来发现猎物的绝佳位置。

所有的猛禽（如左图的游隼）都有超强的握力和锋利的爪。它们用利爪捕杀猎物，用钩状的喙撕咬肉类。

趣味小百科

大多数猛禽都是独居动物，但栗翅鹰（又名哈里斯鹰）喜好群居，会和伙伴一起捕食。在没有足够的栖息地时，它们还会“叠罗汉”，即一只站在另一只的上面。

澳大利亚干旱地区的**白肩黑吸蜜鸟**用弯曲的长喙来采食花蜜，也吃种子和水果。它们有时会成群地拥向食物资源丰富的地区。

走鹃生活在美国西南部和墨西哥的荒漠中。它们行走速度很快，在追逐猎物或被追逐时会奋力奔跑。

棕曲嘴鹪鹩在美国西南地区和墨西哥的仙人掌、带刺灌木中筑巢。这些带刺的植物可以为它们抵挡一些捕食者。

荒漠雕鸮栖息在非洲西北部和中东的干旱地区。它们白天在岩石缝隙中休息，夜间出来捕食。

南极洲荒漠是**帝企鹅**的家园。冬天，雌帝企鹅会产下一枚蛋，然后交给配偶。在极为严寒的两个月里，雄帝企鹅会尽职尽责地守护着蛋，为蛋保暖，直到孵化。

银嘴文鸟原产于非洲的一些干旱地区，主要栖息在撒哈拉沙漠以南的地区。它们用喙吃地上的种子，喜欢社交，经常成群结队地活动。

大型鸟类

鸵鸟身高超过2米，体重高达150千克，是地球上体形最大的鸟类。在非洲开阔的荒漠中，它们主要通过奔跑和踢打来保护自身安全。

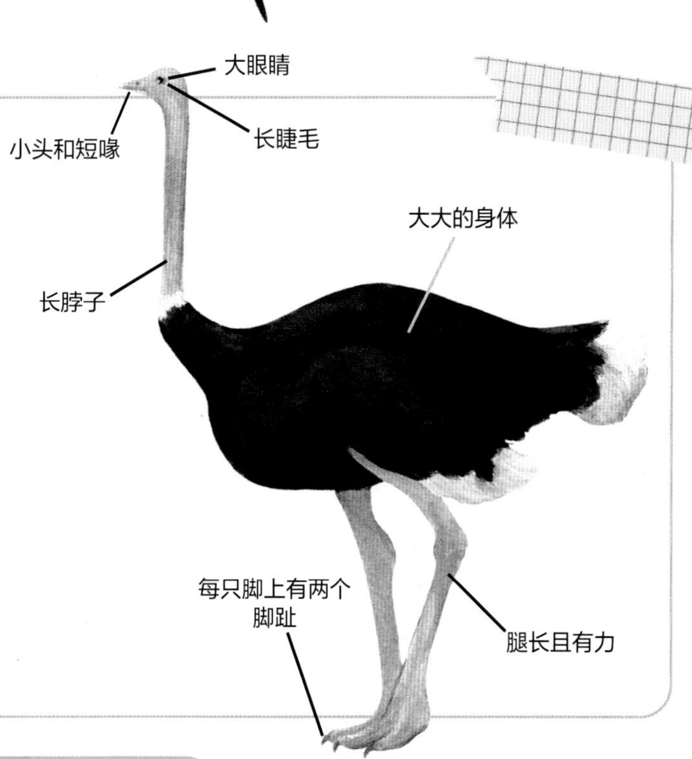

趣味小百科

鸵鸟奔跑速度很快，时速可达60千米以上。

爬行动物与两栖动物

爬行动物与两栖动物都是变温动物，为了获取热量来调节体温，它们会追随阳光的脚步，也会寻找可以晒太阳的温暖岩石。为了防止体温过高，它们白天会躲在地下或阴凉处。

爬行动物身上的鳞片可以防止水分流失。它们在陆地上产卵，卵的皮革一般的外壳可以抵御高温和干燥的空气。

两栖动物需要保持湿润，因此有的生活在绿洲附近。某些两栖动物的脚部结构特殊，能够在地下深处挖洞。荒漠下雨时，它们必须充分利用临时出现的小水池，迅速完成交配、产卵和变态发育。

趣味小百科

荒漠里的爬行动物与两栖动物都有保护色，能在荒漠环境中隐藏行踪。

夏眠

爬行动物与两栖动物可能会在夏天进入休眠状态，以更好地在荒漠中生存。有的会深藏地下休眠，等环境温度降低、湿度上升时再醒来。

趣味小百科

这些动物必须躲在温度较低的地下来躲避外界高温。

巨蜥是巨蜥科巨蜥属动物，有些分布在澳大利亚的荒漠中，比如砂巨蜥，它们会挖掘洞穴，有时也利用其他动物遗弃的洞穴。

科罗拉多河扁蟾分布在北美洲的索诺拉沙漠。这种巨型蟾蜍体长可达 18 厘米，主要在夏季的雨季活动。

吉拉毒蜥多数时间生活在美国西南部和墨西哥的荒漠地下，它在觅食或想晒太阳时才出来活动。

澳沙蛇栖息在澳大利亚的荒漠中，白天躲在地下。这种颜色鲜艳的蛇类有轻微毒性，不过人们通常认为它们没有威胁。

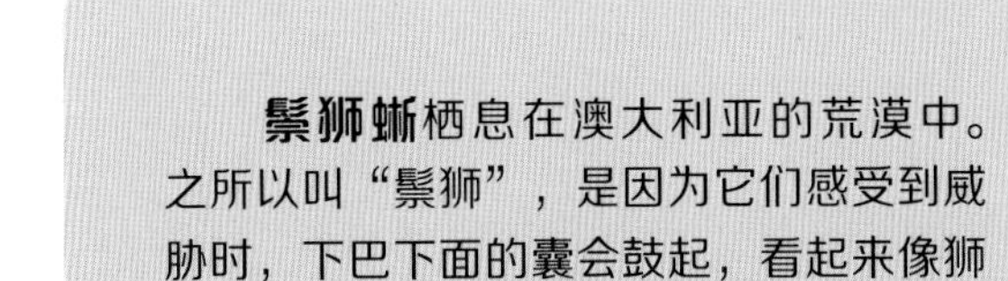

苏卡达陆龟生活在撒哈拉沙漠南部，那里的气温高达 58℃。这种陆龟体形巨大，能挖出大约 3 米深的洞穴，躲进去避暑。

鬃狮蜥栖息在澳大利亚的荒漠中。之所以叫“鬃狮”，是因为它们感受到威胁时，下巴下面的囊会鼓起，看起来像狮子的鬃毛。

响尾蛇

你如果在西半球的荒漠中听到了响尾蛇发出的声响，就一定得停下脚步！响尾蛇在感受到威胁时，会用尾巴末端发出声响，这是它们的警告信号。

趣味小百科

响尾蛇是一种剧毒的蛇，通常在夜间活动。

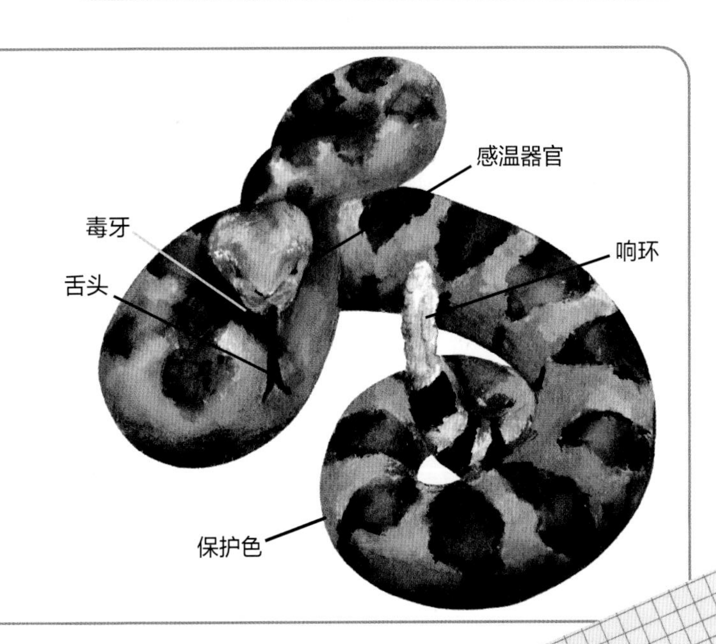

无脊椎动物

在荒漠中，无脊椎动物负责给植物传粉，控制其他无脊椎动物（这些动物可能对环境或生态系统有害）的数量，也是食物链中更高级的生物的捕食对象。甲虫、苍蝇、马陆等无脊椎动物可以清理生态系统，并在这个过程中把养分带回土壤中。

无脊椎动物具有特殊的适应性，能在极端炎热干燥的环境中生存。

· 它们会栖息在洞穴中或岩石下。

· 有些无脊椎动物会在夜间活动，彻底避开阳光。

· 它们的外骨骼能防止身体水分流失。

· 有些无脊椎动物用特殊的身体结构收集水分。

· 无脊椎动物主要从食物中获取所需水分。

趣味小百科

无脊椎动物没有内骨骼，但身体外部通常有叫作外骨骼的保护层。

趣味小百科

蚁群能变相地给荒漠土壤通气和施肥。

蚁丘的内部结构图

蚁群通常生活在地下潮湿的洞穴中。它们建立了复杂而有序的社会，每个成员都各司其职。

蚁后是最高的领导者，负责产卵繁殖后代。

工蚁在洞穴中挖出专门的房间，负责照顾幼虫，收集食物。

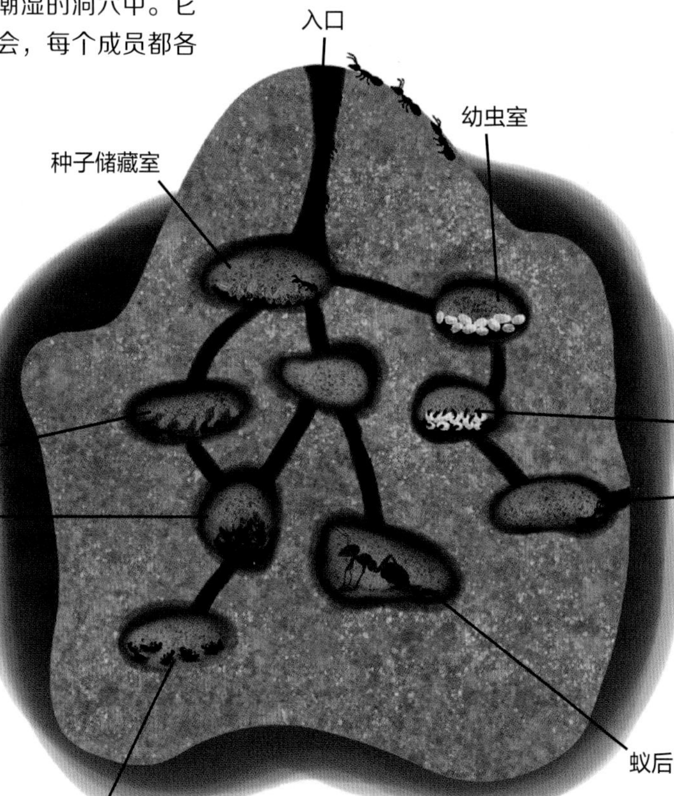

雄蚁的职责只是交配，繁殖新一代的蚂蚁。

工蚁保护蚁群免受侵害。

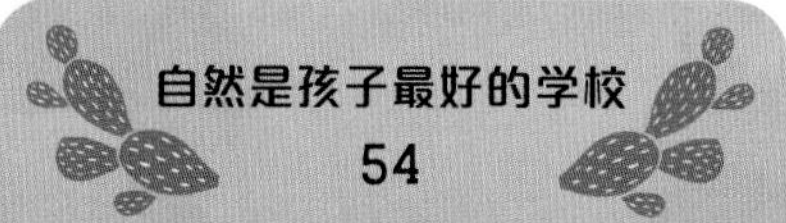

天蛾在荒漠中飞行时十分引人注目。它们的翅展超过了12厘米，夜间出来吸食月见草等荒漠花朵的花蜜。

荒漠中的**捕鸟蛛**经常把巢筑在岩石间、岩石下或洞穴中。它们在巢里铺设丝线，以便及时发现附近的猎物（比如昆虫，甚至小型脊椎动物）。

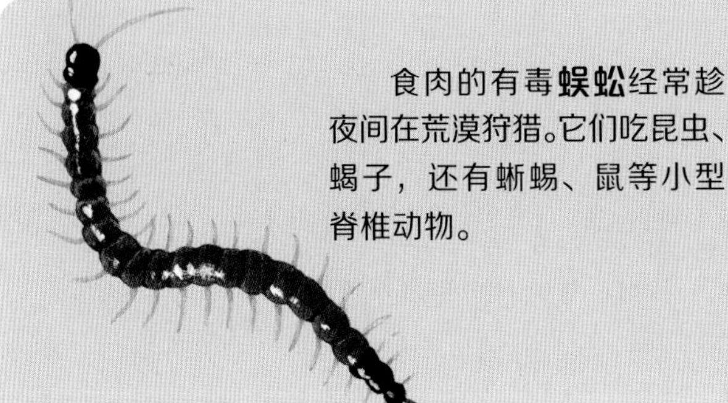

食肉的有毒**蜈蚣**经常趁夜间在荒漠狩猎。它们吃昆虫、蝎子，还有蜥蜴、鼠等小型脊椎动物。

沙蝗生活在非洲和亚洲的干旱地区。它们喜欢迁徙，可以长途跋涉。它们经常大量聚集啃食植物，农作物深受其害。

甲虫经常待在洞穴里或藏进沙子里。它们的外骨骼可以起到保护作用，还能减少水分蒸发。有些甲虫以动物的排泄物为食。

蝎子因尾部的毒刺而闻名。毒刺位于蝎尾的末端，随时准备发动攻击。毒刺能把毒液注入蜈蚣、蜘蛛、昆虫和一些小型脊椎动物等猎物的体内。

迁徙的黑脉金斑蝶

北美的黑脉金斑蝶（也叫帝王蝶或君主斑蝶）因每年大规模的迁徙而闻名。数以百万计的黑脉金斑蝶在秋季向南迁徙，有时飞行距离可达3 000千米。

趣味小百科

在迁徙途中，许多黑脉金斑蝶会穿越荒漠地区，花蜜是它们旅途中必不可少的能量来源。

实践活动

本章带领大家探索了世界上的荒漠，了解了荒漠的形成过程，以及栖息在荒漠中的生物。我们还学到，动植物在干燥的荒漠生态系统中之所以能够生存，是因为它们都有惊人的适应能力。在本部分，你可以通过几项实践活动来拓展荒漠的知识。

自然日志

带上你的自然日志去参观荒漠生态系统吧。把你所有的发现都记录下来，不管是足迹、植物，还是野生动物！观看纪录片也是个不错的选择，你也可以阅读有关荒漠或荒漠动植物的书籍。无论你选择哪种方式，都一定要在自然日志中记录下学到的有趣知识，并绘制相应的图画。

种出一个花园

在室内种一个仙人掌花园吧！你需要一个足够大的陶盆，还要找到盆栽土、沙子和水确保植物的生长。此外，你还需要几棵小型仙人掌和其他多肉植物。只需将等比例的盆栽土和沙子混合，放入陶盆中即可。将仙人掌和其他多肉植物种在土壤中，给它们留出生长空间，再浇上少量的水。把陶盆放到向阳的窗边，根据家中的湿度偶尔给它们浇浇水。

荒漠景观立体模型

用旧鞋盒制作一个荒漠生态系统的立体模型吧！先选择你想制作的荒漠类型：寒冷的，还是炎热的？沿海的，还是半干旱的？然后思考一个问题：你想用什么来呈现生态系统的不同部分？你可能会用到植物、动物图案、沙子、石头、颜料（用来绘制背景）等。你也可以用黏土做出动植物的小塑像。拼装好之后，你就可以用这个立体模型向别人介绍美丽的荒漠生态系统啦。

制作一棵仙人掌

用黏土来做一棵你感兴趣的仙人掌吧。趁黏土尚未干透，用牙签在仙人掌上雕刻出图案，也可以在黏土上插些牙签，这样看起来就像仙人掌的刺了。黏土干透后，就可以给仙人掌上色了。做完这些之后，你甚至还能把仙人掌放进小花盆，在里面放上沙子，让这个仙人掌盆栽看起来更加逼真。

实践活动

漫步自然

走进大自然，去探索荒漠生态系统吧！不是每个人的家附近都有荒漠，但这没关系！你可以参观其他生态系统，哪怕在自家后院走走也行。把你看到的植物、动物和土壤与荒漠中的进行比较。它们有什么相似之处？又有什么不同？

演示蒸发过程

注意：本活动需要用到火炉，请务必在成年人的陪同下进行。

荒漠的倾盆大雨会在地面汇成水流，水流流经岩石地面时，矿物质会溶解其中，形成盐滩。水流最终会汇聚到低洼地带，随后烈日将水分蒸发，留下盐和其他矿物质。你可以在厨房里演示这个过程，只需要用到锅、水、盐和带盖的罐子。

1. 在罐子底部撒一层盐。
2. 往罐子里倒入容量三分之二的水。
3. 盖紧盖子并摇晃，直到盐溶解。
4. 将罐子里的液体倒入锅中，将锅放在火炉上。将火调至中高挡，把水烧开。让水持续沸腾，直至水分蒸发。
5. 观察锅中的残留物。注意！这时候锅很烫！
6. 水沸腾后，水分子受热变成了水蒸气，但盐留在了锅里。现在，你完成了一个盐滩模型啦。

日晷

制作一个日晷吧，然后你就能根据太阳在天空中的位置来确定时间啦！

1. 选一个阳光明媚的日子，收集12块大小相似的小石头。你还需要一根长约25厘米的木棍。
2. 找一块平地，把石头均匀摆成一个直径约30厘米的圆圈。
3. 将木棍竖直放在中间。你必须把木棍戳进土里，这样它才不会倒下。
4. 在圆圈正北的石头上做个记号，这里的刻度就是12。你可以把刻度写在石头上，这样更容易看时间。
5. 圆圈中间的棍子会在石头或石头之间投下影子，显示出大概的时间。例如，如果没有影子，时间就是正午12点；如果影子落在4上，时间就是下午4点；如果影子正好落在4和5的中间，那么时间就是下午4点半，以此类推。

你可能需要根据所在的纬度调整日晷。你可以先测试一天，然后根据需要进行调整。

绘制荒漠地图

借助世界地图，再结合本章的荒漠分布图，定位全世界所有的荒漠生态系统吧。你可以重新回顾所有类型的荒漠。哪些大陆有荒漠？哪些国家完全被荒漠覆盖？如果可以任选一处荒漠去旅行，你会去哪里？

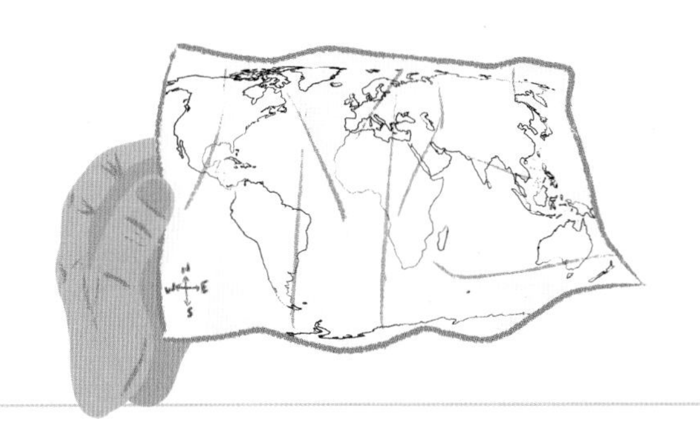

你知道吗？

游隼的捕猎速度惊人。它们在世界各地都有分布（包括荒漠），经常在开阔地带猎捕其他鸟类。它们的捕猎技巧之一是俯冲。在这场从高空向下飞行的追逐中，游隼会收起翅，减少空气阻力，时速可超过300千米。俯冲时，游隼可能在空中抓住猎物，也可能直接将猎物撞死。

第三章

海滨

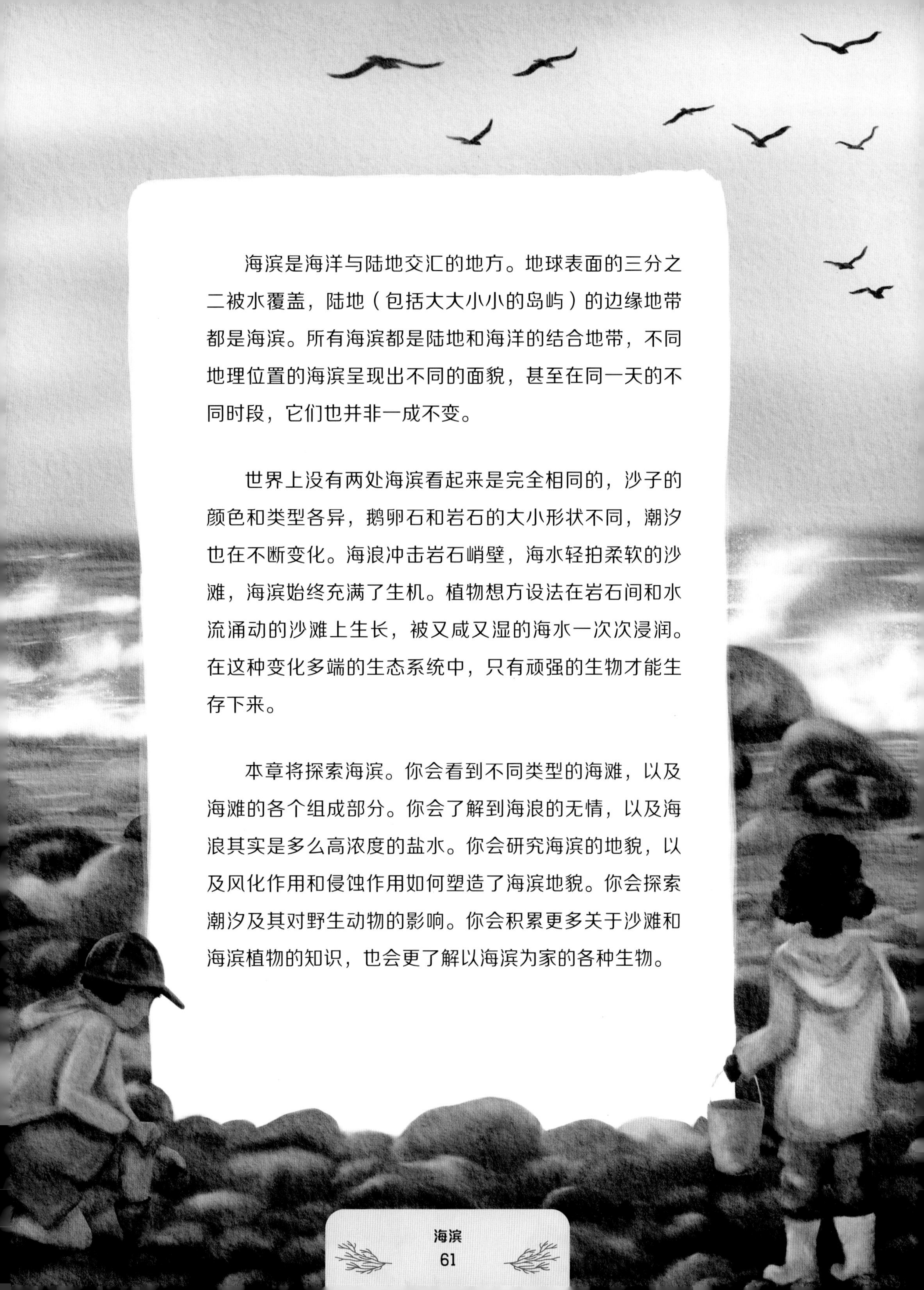

海滨是海洋与陆地交汇的地方。地球表面的三分之二被水覆盖，陆地（包括大大小小的岛屿）的边缘地带都是海滨。所有海滨都是陆地和海洋的结合地带，不同地理位置的海滨呈现出不同的面貌，甚至在同一天的不同时段，它们也并非一成不变。

世界上没有两处海滨看起来是完全相同的，沙子的颜色和类型各异，鹅卵石和岩石的大小形状不同，潮汐也在不断变化。海浪冲击岩石峭壁，海水轻拍柔软的沙滩，海滨始终充满了生机。植物想方设法在岩石间和水流涌动的沙滩上生长，被又咸又湿的海水一次次浸润。在这种变化多端的生态系统中，只有顽强的生物才能生存下来。

本章将探索海滨。你会看到不同类型的海滩，以及海滩的各个组成部分。你会了解到海浪的无情，以及海浪其实是多么高浓度的盐水。你会研究海滨的地貌，以及风化作用和侵蚀作用如何塑造了海滨地貌。你会探索潮汐及其对野生动物的影响。你会积累更多关于沙滩和海滨植物的知识，也会更了解以海滨为家的各种生物。

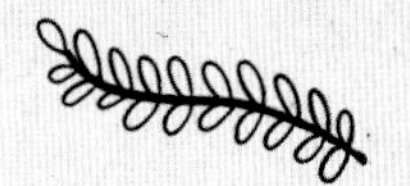

海滨生态系统

海滨生态系统充满活力，位于各大洲和岛屿的边缘。海滨生态系统能够储存并过滤水资源，还可以拦截沉积物。当风暴来临，岩石和沙滩承受着狂风和巨浪的冲击，通常能起到缓冲作用。随着海水的流进流出，海滩的外观也在不断变化。

海滨为草本植物和其他植被提供了充分的生长空间，植被的根系可以稳固沙地，形成极具生态价值的沙丘。海龟、海洋哺乳动物、鸟类、螃蟹、蛤蜊、鱼类、章鱼、海星等动物将海滨和周边地区作为觅食、筑巢和育儿的家园。

世界各地的海滨

趣味小百科

自然环境中的碎屑被冲到海岸上，既为动物提供了栖息地，也能成为动物的腹中餐，分解后的营养物质还能回归海滩和海洋。

海滩的结构图

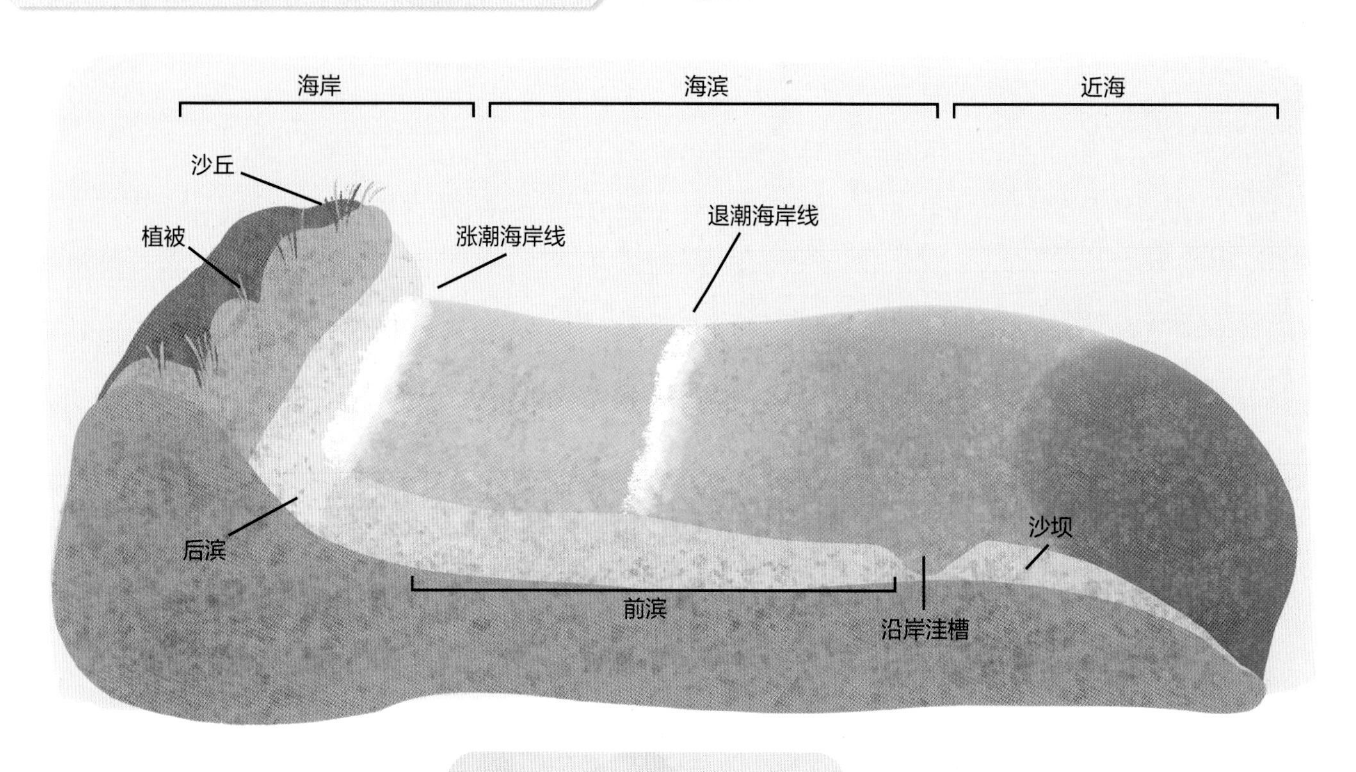

海滩类型

海滩的颜色、质地和岩石大小多种多样。有的绵延数千米，有的只有一小段。

海滩有的就在大陆上，有的则是从大陆延伸出来的一条沙带。障壁滩位于离海岸线不远的地方，可以保护陆地免受海浪冲击。

岩滩通常在悬崖峭壁附近形成，分布有或圆或扁的石头。在淤泥和其他沉积物聚积的海湾地区，泥滩更为常见。

趣味小百科

海滩上的景观，不管是软沙、软泥还是鹅卵石，大都是经时光打磨而破碎的岩石。岩石不断受到风和海水的冲击，逐渐被磨损成小块，最终变成沙子。

沙滩上的沙子大都是被侵蚀的破碎的岩石，但由于不同程度地混合了贝壳、珊瑚、化石和矿物等的碎屑，它们的颜色也各不相同。

趣味小百科

温暖潮湿地区的海滩往往有较多植被。

沿海地貌

由于地理、天气模式和水流运动的共同作用，海滨周围形成了多样而美丽的地貌。也正因如此，海滨是一个千变万化的世界。

当风向和海岸线呈一定角度时，沉积物会顺风漂移，形成**沙嘴**。这个过程叫作沿岸泥沙流。

当海洋或河流的水注入与外海隔开的浅水区，就形成了**海岸潟湖**。

沙嘴如果持续堆积，就会像海湾大桥一样把大陆和岛屿连接起来，形成**连岛坝**。

趣味小百科

连岛坝的后面可能形成潟湖。

当海水冲刷海岸，硬度较低的岩石被腐蚀，就会形成**岬角**。一般情况下，岩石遭侵蚀的区域会形成海湾。

如果岬角上的洞穴被持续侵蚀，就会形成拱桥形状的**海蚀穴**。海蚀穴会不断扩大，最后坍塌，形成海蚀崖。

海水把沙子、泥土、岩石等沉积物卷上岸边，就形成了**海滩**。

沙子的类型

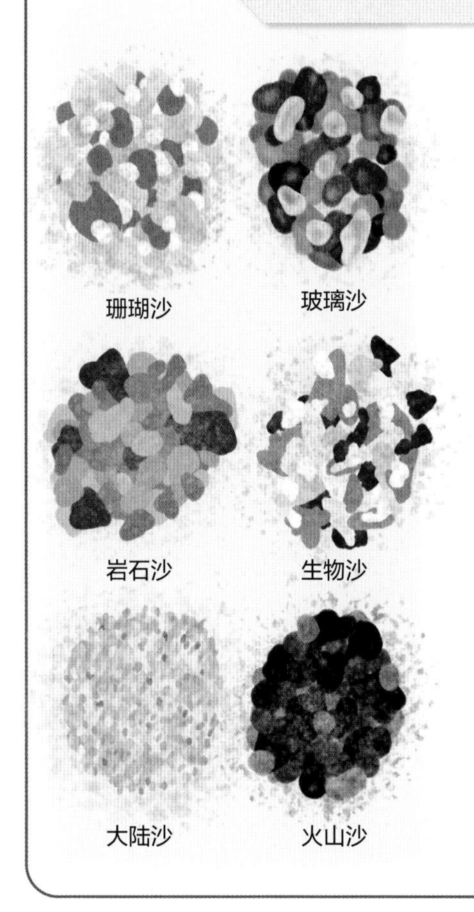

常见的棕色、灰色沙子的成分是陆地上被长期侵蚀的岩石的碎片。陆地上的岩石碎片被冲入河流，最终流入海洋。粉色、白色的沙子，则可能是贝壳或珊瑚碎片被冲上岸后形成的。火山岩可能会被侵蚀成黑色和绿色的沙粒。

在海滨生态系统中，沙滩发挥着许多重要作用。

· 沙滩是海滨的鸟类、龟类等很多动物的筑巢区。

· 沙滩上生活着很多物种，它们是海滨食物链的重要组成部分，为海滨生态系统中的生物提供了充足的食物来源。

· 颗粒间隙较大的沙子可以过滤雨水，雨水通过沙子后，可在沙丘下方汇集成水源。

趣味小百科

有的白色海滩会闪闪发光，这是因为沙子里有鹦鹉鱼的排泄物！

海岸沙丘生态系统

沙丘是繁荣的生态系统！这种干燥的海滩区域生长着草本植物和灌木等植物。沙丘积累了大量沙子，可以保护海岸线免受洪水侵袭。穴居动物在沙子里挖洞，把沙丘当成遮风挡雨的庇护所。它们以沙丘上的植被和动物为食。

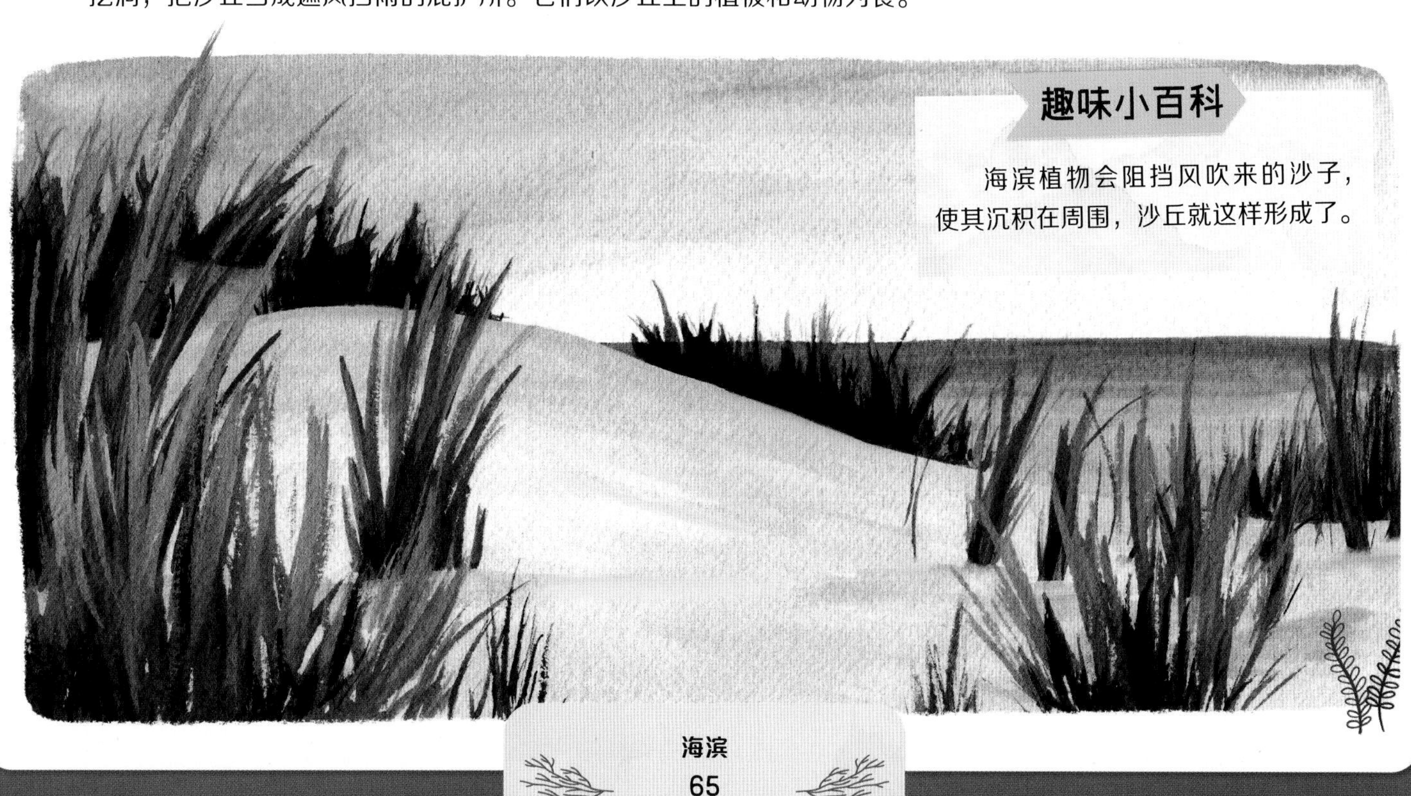

趣味小百科

海滨植物会阻挡风吹来的沙子，使其沉积在周围，沙丘就这样形成了。

海 洋

地球 70% 以上的面积都被咸咸的海水覆盖，分为太平洋、大西洋、印度洋、北冰洋和南冰洋。五大洋环绕着七大洲，沿岸形成了较小的海湾、入海口、河口和潟湖。靠近大陆的海域叫作近岸海域，这里一派生机盎然！

趣味小百科

超深渊带水压极高，人类无法详尽探索，海底还有许多奥秘等待我们去发现。

海洋带

海洋从上到下分为五个层带。

上层带是海平面至水深约 200 米处的大洋水层。这里阳光充足，植物可以进行光合作用。科学家已经了解的大部分海洋动物都在这一层生活。

中层带是海平面下 200 米—1 000 米的大洋水层。这里几乎照不到阳光，非常昏暗，水温也急剧下降。

深层带是海平面下 1 000 米—4 000 米的大洋水层。这个区域也叫午夜区，因为完全没有阳光照射。在这里生活的鱼类具有独特的适应能力，比如有些会发光。

深渊带约占地球海洋面积的 60%，指深度超过 6 000 米的深海地区。那里既没有光线，也没有温度和氧气。

超深渊带有凹陷的海沟，最深的马里亚纳海沟深达 11 000 米。

海水和海浪

海水含哪些元素？

海水中含有多种矿物质，它们组成了化合物，以溶质的形式溶解在海水中。

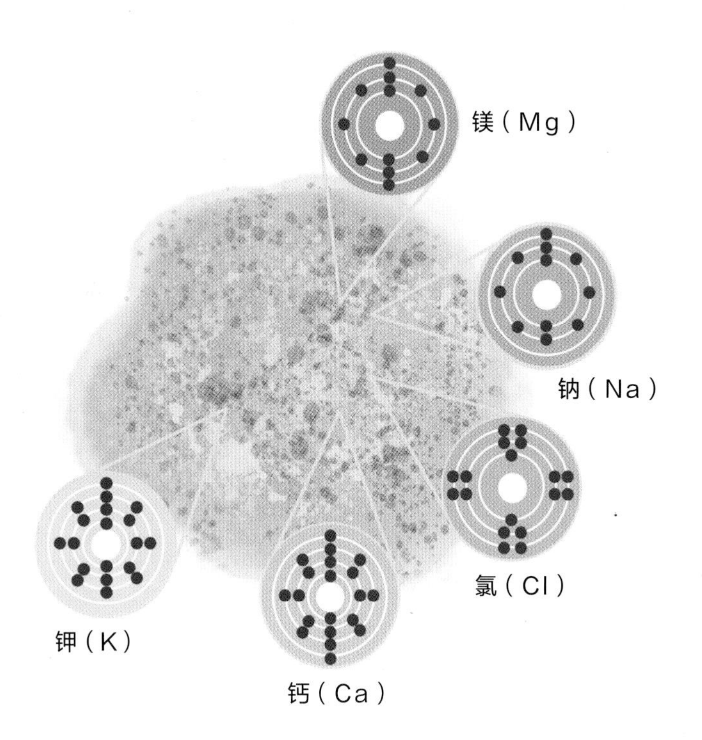

盐从哪里来?

雨水在地面汇成**径流**，流经岩石时带走了一部分矿物质，它们汇入河流，最终流入大海。

海底有**火山**，被岩浆加热的海水中发生着一系列化学反应，这也是海水变咸的原因之一。

地下和海底的大量**盐矿**也是海水变咸的一个因素。

趣味小百科

海水中的含盐量叫作海水盐度。

海浪的结构解析图

海水中的能量以波浪的形式传播。能量通过时，海水会做圆周运动。当海浪靠近海岸时，海底逐渐上升的地形会使海浪底部的速度放缓，而海浪顶端依旧继续移动，最终猛烈地拍向海岸。

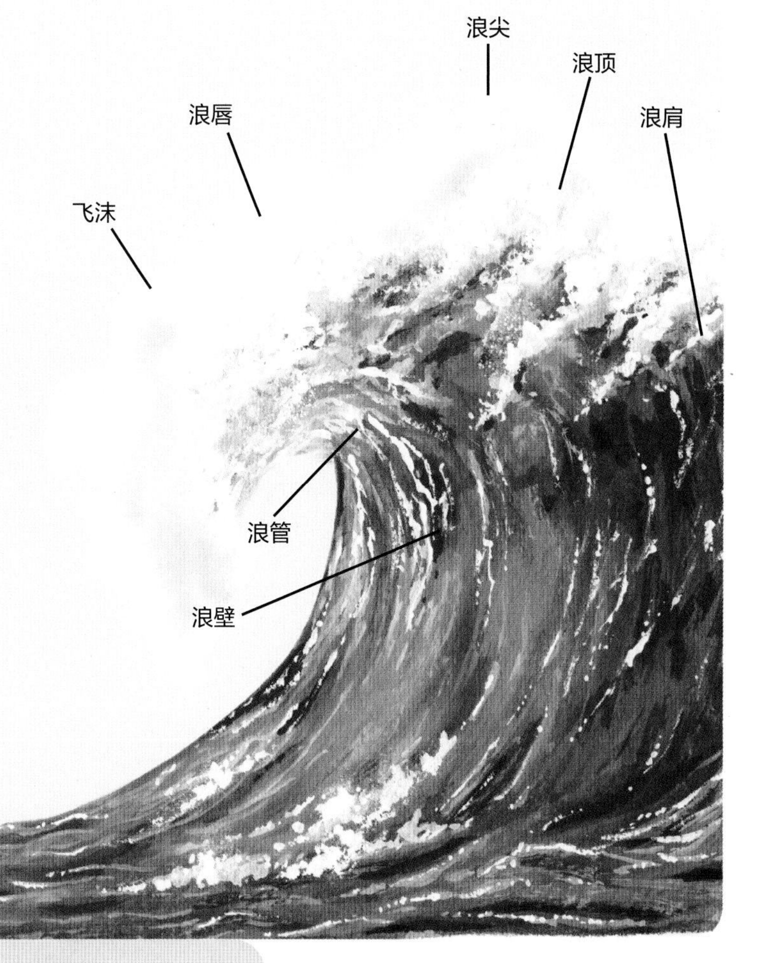

趣味小百科

大多数海浪是风吹过海面产生的。

潮汐

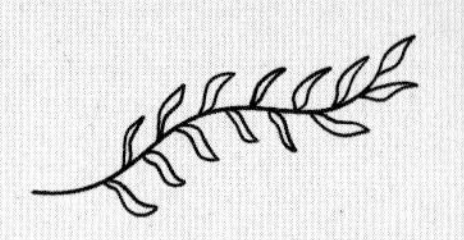

你如果曾去过海边，也许已经发现水位在一天之中有升有降。海水向陆地移动，然后又向外退去，这就是潮汐。海边每天都经历两次涨潮和退潮。

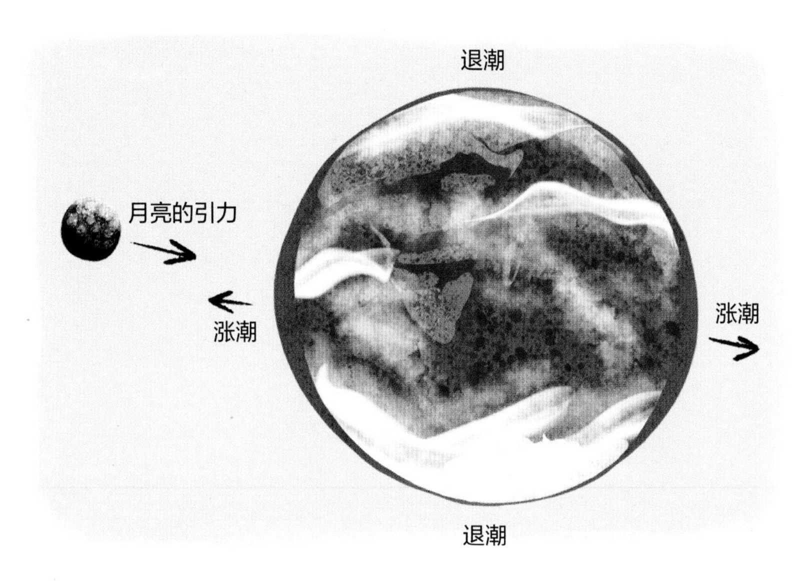

月球围绕地球旋转，地球靠近月球的一侧受月球的引力更强，这里的海水会微微凸起，形成涨潮。而在远离月球的另一侧，月球引力减弱，离心力使海水向远离月球的方向凸起，也造成了涨潮。

趣味小百科

随着地球的自转，地球上的不同区域都会受到潮汐的影响。

潮间带

潮汐对海滨生态系统非常重要，因为动植物会在平均最高潮位和最低潮位之间的潮间带安家。

浪溅区位于平均最高潮位之上，只有在大潮或风暴潮时才会被浪花浸润。

潮间带最上部是**高潮区**，这里只有在大潮时才会被海水淹没。

潮间带的底部叫**低潮区**，大部分时间浸在海水里，生活在这里的动植物不得不适应水下环境。

动植物更多生活在**中潮区**，因为这里大部分时间都被海水淹没。

潮间带以下约 30 米的地带叫作**潮下带**，阳光可以透过海水照亮这片区域，因此这里生活着不少海洋植物。

潮池栖息地

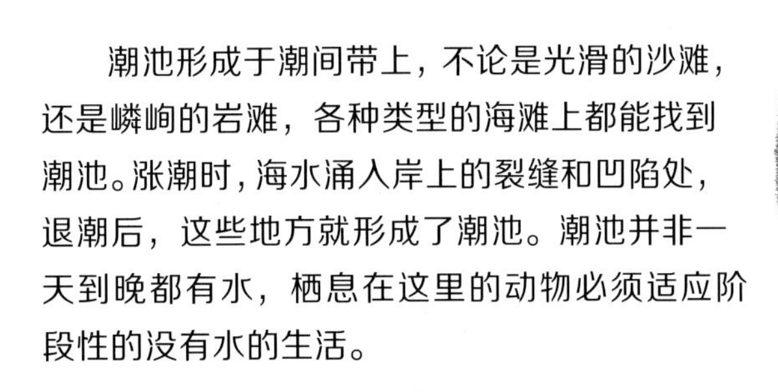

潮池形成于潮间带上，不论是光滑的沙滩，还是嶙峋的岩滩，各种类型的海滩上都能找到潮池。涨潮时，海水涌入岸上的裂缝和凹陷处，退潮后，这些地方就形成了潮池。潮池并非一天到晚都有水，栖息在这里的动物必须适应阶段性的没有水的生活。

潮池的环境时刻都在变化，只有适应得当的物种才能生存下来。例如，若不想被海浪带走，生物就必须牢牢抓住什么东西。海星能通过管足贴在岩石上，还经常藏在缝隙中躲避天敌和日晒。藤壶能分泌一种胶结物，把自己粘在潮池的岩壁上，这样就不怕海浪的冲击了。

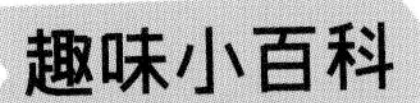

趣味小百科

在靠近高潮区的地方，潮池的蓄水时间不长，而靠近低潮区的潮池相比之下更加湿润。

趣味小百科

海胆、藤壶和贻贝等潮池生物长着坚硬的外骨骼来保护自己。海葵可以收缩触手，这有助于锁住水分。在必要时，螃蟹之类的动物能移动到更利于生存的区域。

贝 壳

贝壳指蛤蜊、牡蛎等软体动物的外骨骼，它们用贝壳来保护柔软的身体，躲避来自天敌和恶劣环境的伤害。软体动物的贝壳会和它们一起长大。它们柔软的身体上有一层外套膜，把身体和外壳连接在一起。贝壳就是由外套膜分泌的物质形成的，多分三层，最靠近软体动物的那一层光滑且有光泽，中间层使外壳更坚固，最外层主要由蛋白质构成，有的凹凸不平，有的是脊状的。

你在海滩上发现的那些空贝壳，都是软体动物死后留下的。这些贝壳可能会成为寄居蟹的新寓所，也可能被海浪打碎，成为沉积物聚积在海滩上，也可能最终形成岩石。

海滩上最常见的贝壳是蛤蜊、牡蛎、扇贝、贻贝等双壳类动物的外壳。这种贝壳有两片，中间像门铰链一样连在一起。双壳类动物的壳因物种而各异，有光滑的，也有带凸起的；有闪闪发亮的，也有暗淡无光的；有平平无奇的，也有五颜六色的。

趣味小百科

贝壳由矿物质组成，其中含量最高的矿物质是碳酸钙。

趣味小百科

海螺等腹足类动物可能会在海滩上留下颜色和图案各异的圆轮状或螺旋状的贝壳。

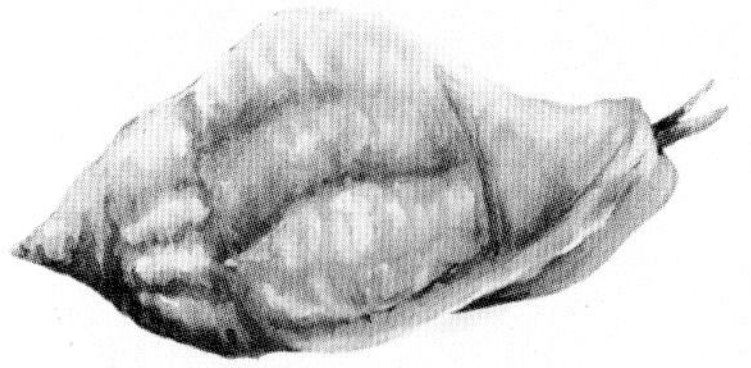

钻螺螺栖息在北美洲大西洋沿岸的水域，以牡蛎等无脊椎动物为食。它们能够钻穿猎物的外壳，然后吃掉猎物。

海湾扇贝栖息在世界各地的水下草床中（通常是海湾和港口），这种滤食性动物的外壳边缘长着很多眼睛，可以探测天敌的踪迹。

紫贻贝原产于北美洲和欧洲的北大西洋沿岸。这种滤食性动物生活在贻贝床（许多贻贝聚集在一起的区域）中，以水中的浮游生物为食。

东部笋螺是一种掠食性软体动物，主要分布在北美洲和南美洲的大西洋沿岸地区，在低潮区以下的水域活动。它们捕食海生蠕虫，把毒液注射到猎物体内。

左旋香螺体长可达 40 厘米，以蛤蜊、牡蛎等双壳类动物为食。它们原产于美国的大西洋沿岸地区和墨西哥湾沿岸地区。

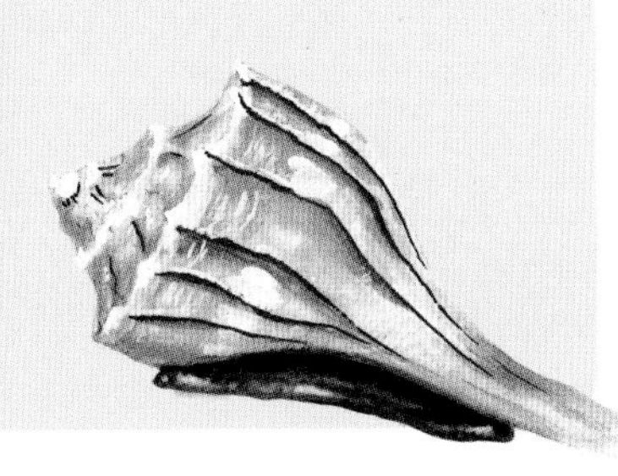

楔形蛤蜊原产于欧洲的大西洋沿岸和地中海，这种小动物会把自己埋进沙子里。它们喜欢细沙，因为这里可以迅速藏身，避开天敌。

何处为家？

全世界有数百种寄居蟹。这种十足目动物胆子很大，在生长过程中会不停更换外壳，大多数人正是因为这点才听说过它们的大名。它们会找到一个废弃的壳，然后住进去。螺旋形状的贝壳是它们最常用的寓所。

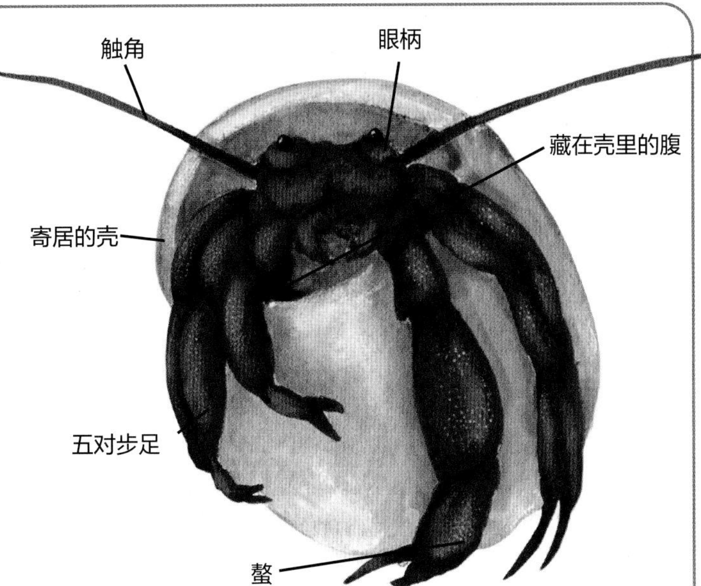

趣味小百科

寄居蟹的腹部很柔软，因此需要外壳来保护。

常见动物

海岸是大大小小各种生物的家园，即便是那些小到看不见的生物，也会选择栖息在这里。这里的动物必须和阳光、盐分、海浪共处。它们可能会被海浪打得东倒西歪，也可能会被冲刷到大海里。在这样的栖息环境中，只有适应性强的动物才能生存下来。

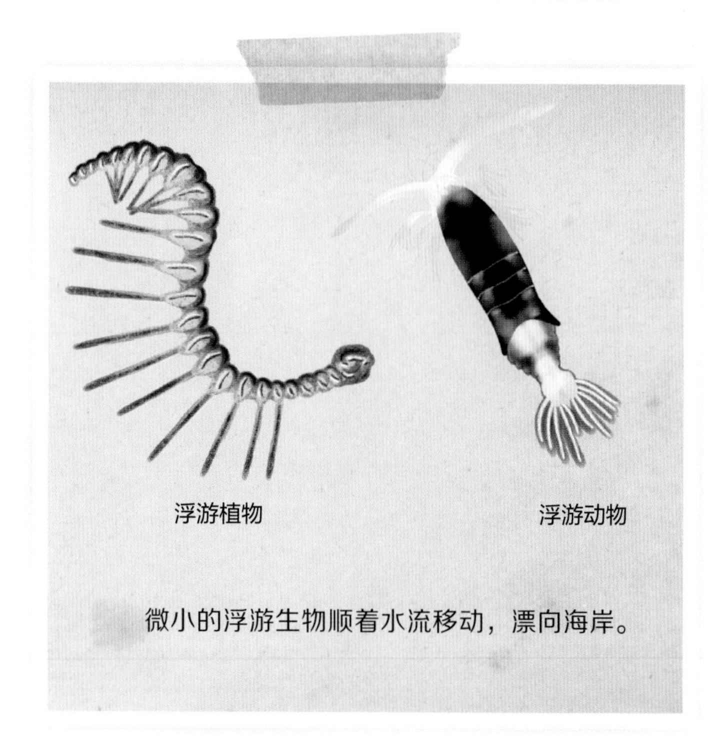

微小的浮游生物顺着水流移动，漂向海岸。

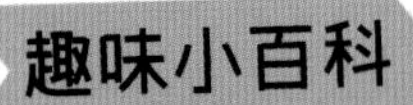

浮游生物通常指浮游藻类，浮游动物大多是小型原生动物。

海边的游客

雌海龟会到沙滩上产卵。一般情况下，它们会在沙滩上产下 100 多枚又小又圆的卵，然后再回到大海的怀抱。两个月后，幼龟会破壳而出。这些小生命会从沙滩爬向海洋这个新的家园。

趣味小百科

大海中共有 7 种海龟，它们分别是平背龟、绿海龟、玳瑁、棱皮龟、红海龟、肯氏丽龟和太平洋丽龟。

赭色海星栖息在美国西部的太平洋海岸。它们附着在潮池的岩石上，以贻贝、藤壶和其他小型无脊椎动物为食。

鲎和蜘蛛、蝎子有亲缘关系，在北美洲东部和东南亚的沙滩上能看到它们的身影。鲎长着长长的剑尾，善于挖掘沙土，在被翻得肚皮朝天时还能把自己翻转回来。

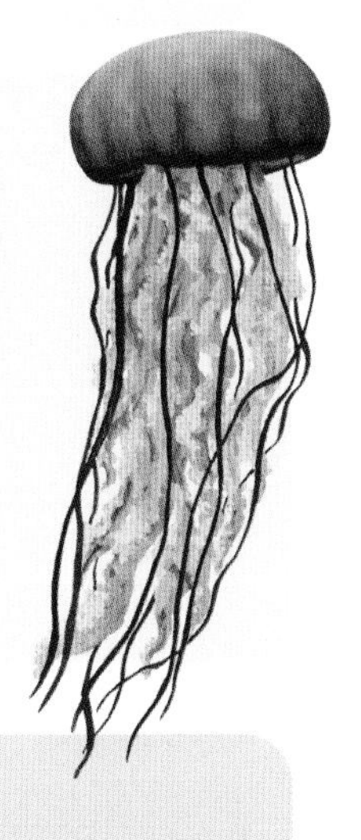

水母是在海洋中漂流的无脊椎动物，经常漂向海岸。它们会分泌毒液，既能蜇伤天敌作为防御手段，也能毒杀鱼类、浮游生物等猎物，将其吞食并消化。

全世界的海洋中一共栖息着1 000多种**海葵**。海葵用“脚”把自己固定在岩石等稳固的地方。它们的触手有毒，既能保护自身安全，也能捕捉猎物。

世界各地的海洋中都有**海胆**。它们通常生活在靠近海岸的区域，用外壳的棘刺保护自己，用长有齿的咀嚼器摄食海藻。

沙钱以沙中的垃圾、藻类和浮游生物为食。它们能利用体表细小的棘刺钻入沙中，把自己埋起来。

章鱼

章鱼遍布世界各地，在地中海和东大西洋沿岸的水域尤为常见。它们的保护色会随着周围环境的变化而变化。

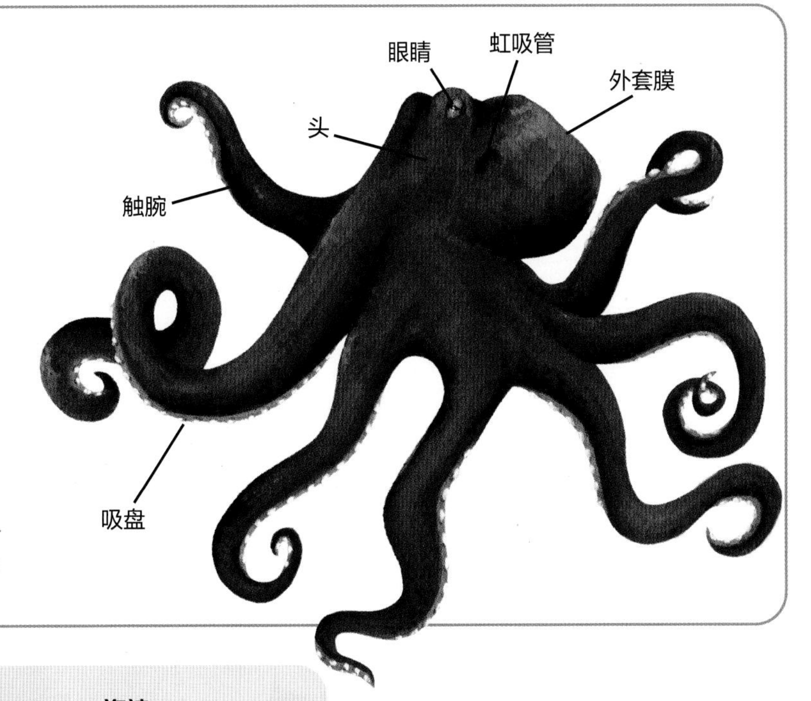

趣味小百科

章鱼通常会喷出墨汁来分散天敌的注意力，然后趁机逃走。

沿海鱼类

栖息在沿海地区的鱼类种类繁多，既有大型鱼类，也有小型鱼类。小杜父鱼适应性极强，能在潮池水位下降时从空气中获取氧气。豹纹鲨能在咸水和淡水混合的河口水体中捕食各种鱼类，这大大提高了物种生存和繁衍的概率。鳝鱼有着长长的身体，能利用这个优势挤进珊瑚礁的缝隙，用锋利的牙齿伏击猎物。

鱼类虽然要适应不同的海洋环境，不过仍然存在许多共同的特征。

- 鱼类都是脊椎动物，分硬骨鱼和软骨鱼，前者拥有坚硬的内骨骼，后者的内骨骼完全由软骨组成（如鲨鱼）。
- 鱼类都有鳃，可以从水中吸取氧气。
- 鱼类大都浑身长满鳞片。
- 大多数鱼是变温动物，体温由外部环境决定。

趣味小百科

有些鱼类一生都栖息在沿海地区，还有一些鱼类将沿海地区作为安置鱼卵、哺育幼鱼的地方，或把这里当成觅食之地。

趣味小百科

某些鱼类的幼鱼期可长达一年。

鱼的生活史

鱼的生命始于一颗小小的卵，这颗卵往往只是雌鱼产下的成百上千颗卵中的一颗。

在适当的条件下，卵会发育成带有卵黄囊的仔鱼，仔鱼通过卵黄囊来获得营养。

当仔鱼能自行寻找食物时，就可以被称为稚鱼啦。它们下一步会成长为幼鱼。

当幼鱼完全发育成熟，且能够繁殖时，它们就被视为成鱼。

穴栖无眉鳚分布在欧洲的沿海水域，也被称为“海蛙”。它们可以在岸上生存，退潮时躲在岩石缝隙中或潮湿的植物下。

美洲魟在大西洋西部沿海的沙质海底活动，通过味觉和嗅觉来觅食，也能感应到水中电场的微弱变化，以此来定位猎物。

大西洋鲱在北大西洋沿岸地区活动，以浮游动物为食，也会成为大型鱼类和海洋哺乳动物的捕猎对象。

斑马鱼游弋在澳大利亚南部浅海区域的岩石区和河口附近，主要以藻类为食。

在大西洋东部沿岸和地中海沿岸地区，生活着体形较小的**岩虾虎鱼**。海浪来回冲刷岩岸时，它们会用腹鳍产生吸力，紧紧吸附在岩石上。

六丝多指马鲅栖息在印度洋和太平洋岛屿周围温暖的浅海水域中。

海马

海马游泳时保持着直立的姿势，主要靠背鳍和胸鳍来移动。它们的身体由一层坚硬的外壳保护，尾巴可缠绕在植物上，以防在捕食时漂走。

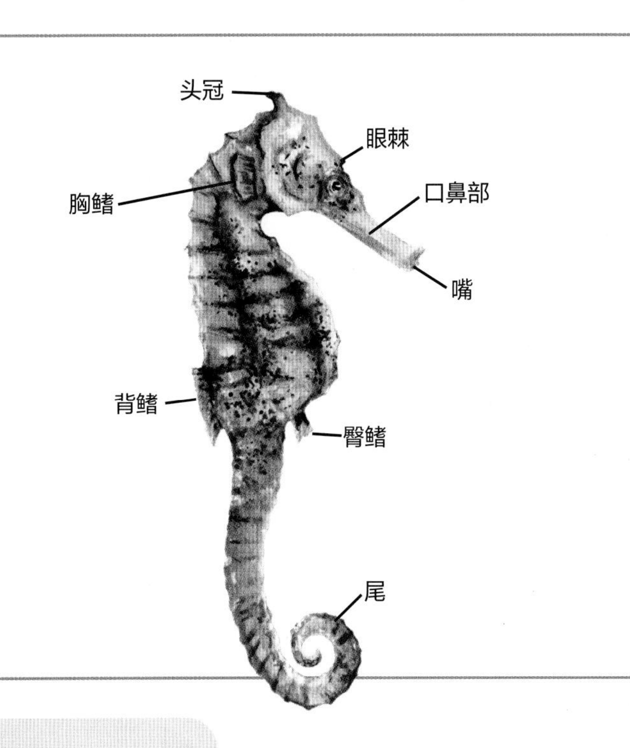

趣味小百科

雌性海马在雄性海马的育儿囊中产卵，卵在育儿囊中受精，雄性海马负责孵化出小海马。

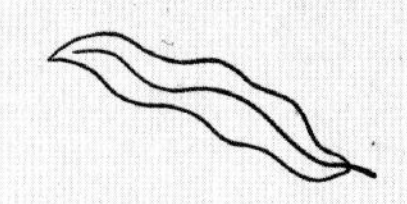

鱼类中的捕食者

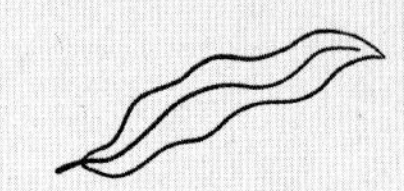

海草、海藻和无数微小的浮游植物都是海洋生物链底层的生物。它们是生产者，供养着海牛、虾和许许多多软体动物。鲱鱼、鳕鱼等小型肉食性鱼类会捕杀小型动物，鲨鱼、金枪鱼和旗鱼等则属于顶级捕食者，以大型鱼类和其他海洋动物为食。

趣味小百科

处于食物链顶端的捕食者维持着生态系统的平衡，我们要感谢它们。

海滨区域的食物链

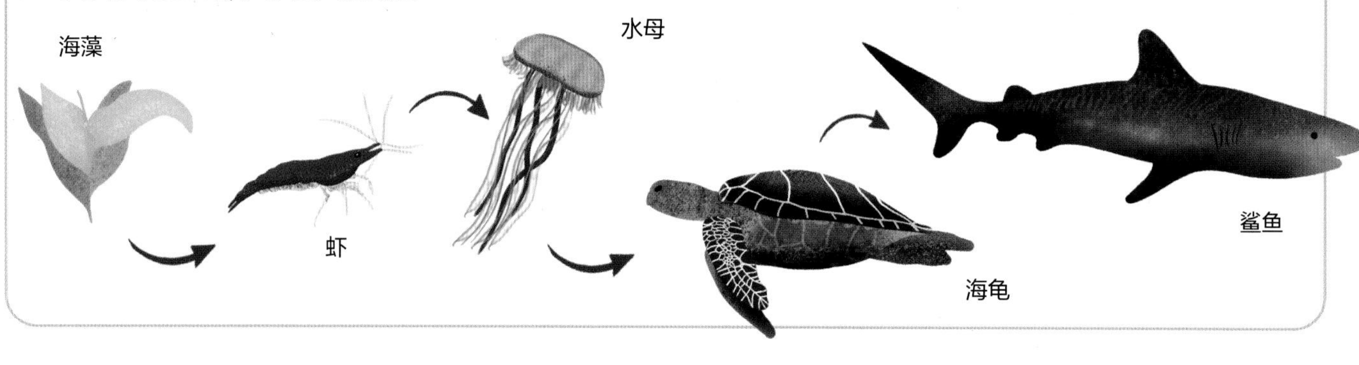

捕食者的适应性：牙齿

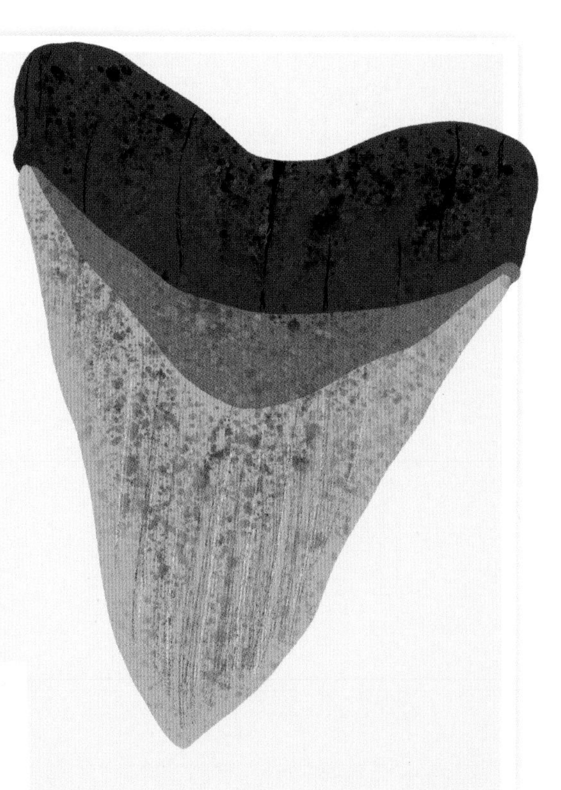

鲨鱼是海洋中的顶级捕食者，它们的牙齿擅长捕杀和吞食。

- 有些鲨鱼以有壳的甲壳类动物、软体动物和双壳类动物为食。它们的牙齿通常比较扁平，能更好地磨碎食物。
- 体形巨大的鲨鱼都是滤食性动物，它们的牙齿很小，一般情况下用不到。
- 有些鲨鱼要捕食大型动物，它们的牙齿通常宽大且呈锯齿状，以便把猎物撕碎。
- 有些鲨鱼的牙齿更长、更尖，形状就像一把把小刀，擅长刺穿猎物并防止猎物挣脱，以便更好地吞食。

趣味小百科

鲨鱼的牙齿并不是牢牢固定在颌骨上的，它们一生都在不停换牙，换掉的牙齿可能会有 30 000 颗之多。

梭子鱼生活在世界各地温暖的沿海水域，形似鱼雷，能在水中轻松穿梭，寻找鲹鱼、鲷鱼、石斑鱼等猎物。

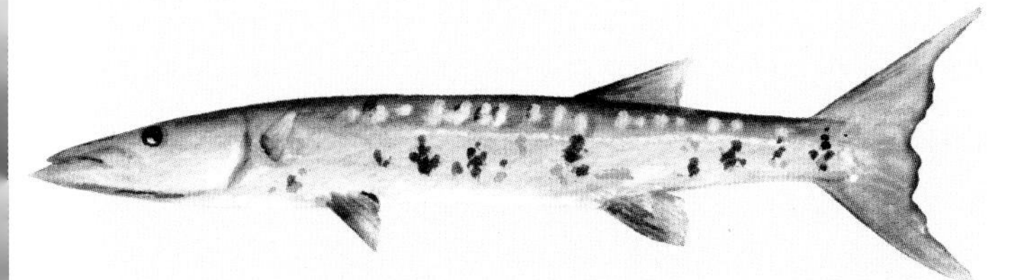

蓝鳍金枪鱼是金枪鱼中体形最大的，体长可达 3 米，体重可达数百千克！它们在亚热带和温带的水域中快速游动，捕食鱼类。

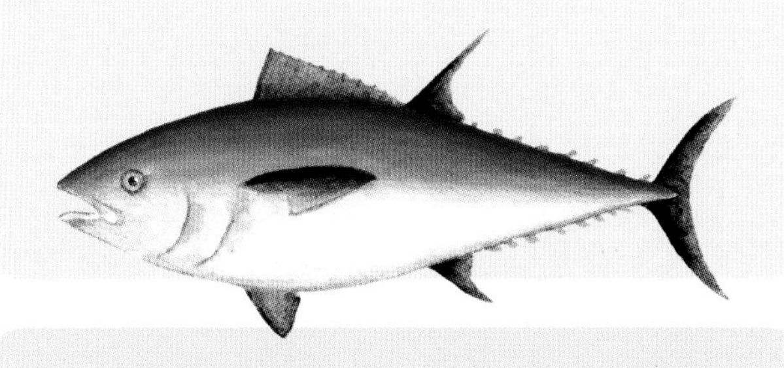

点带石斑鱼在印度洋和西太平洋的热带水域里生活。它们总是独自捕食，从海底吸食鱼类、甲壳类甚至头足类动物。

在印度洋—太平洋海域的热带沿岸水域，**珍鲹**扮演着巡逻兵的角色，寻找鱼类为食。珍鲹是鲹属中体形最大的，有的体长可达 1.7 米。

鲨鱼来了！！！

与许多鲨鱼一样，鼬鲨也是越靠近背部颜色越深，越靠近腹部颜色越浅。这叫作反影伪装，其他动物不论从上方还是下方都很难看清楚它们的身影。

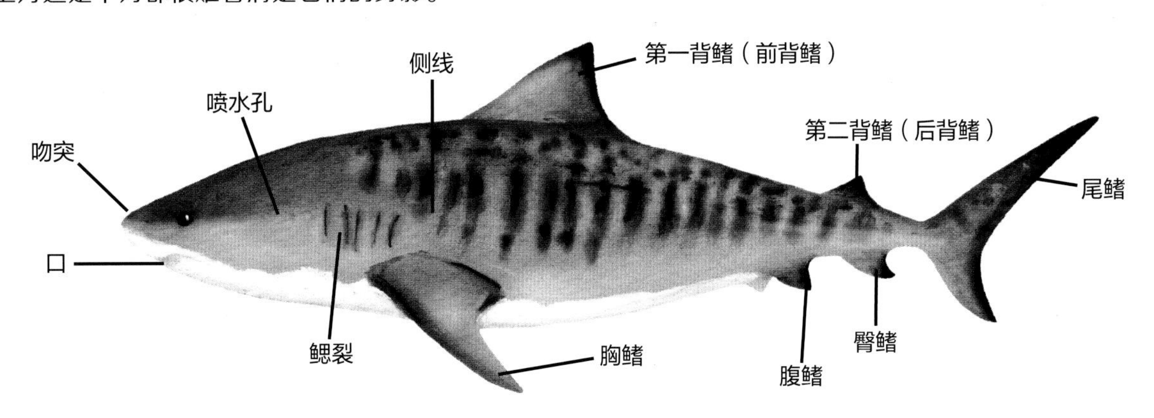

趣味小百科

鼬鲨体长可达 6 米，体重甚至会达到 900 千克。

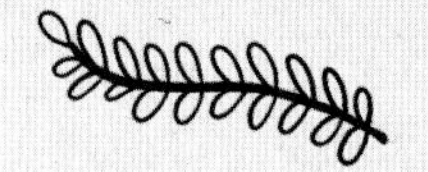

海洋哺乳动物

你在岸上就可以看到许多海洋哺乳动物。它们种类繁多，有些终生都不离开海洋，比如鲸和海豚。它们的身体呈流线型，喜欢成群结队地活动。它们捕猎时游得飞快，时不时浮出海面通过气孔呼吸空气。有些海洋哺乳动物既在海里活动，也会上岸休息和养育幼崽，海豹和海象就是如此。

趣味小百科

海洋哺乳动物进入某个生命阶段时，身上就会长毛，用肺呼吸空气，还会分泌乳汁来喂养幼崽。它们是恒温动物，通过新陈代谢调节自身体温。

海豚鳍VS.鲨鱼鳍

从岸上观察海豚，你会发现它们的背鳍形似海浪，略带弧度且后缘明显弯曲。鲨鱼的背鳍则呈三角形。

观鲸

若想从岸上观察鲸目动物（如鲸和海豚），首先你得慢慢地扫视整个海面，注意观察是否有向上喷出的水柱。你可能还会看到露出水面的背鳍或尾鳍。如果海面水花四溅，说明刚刚有鲸跃出水面，如果水花较小，则说明可能有一群海豚正在近海活动。

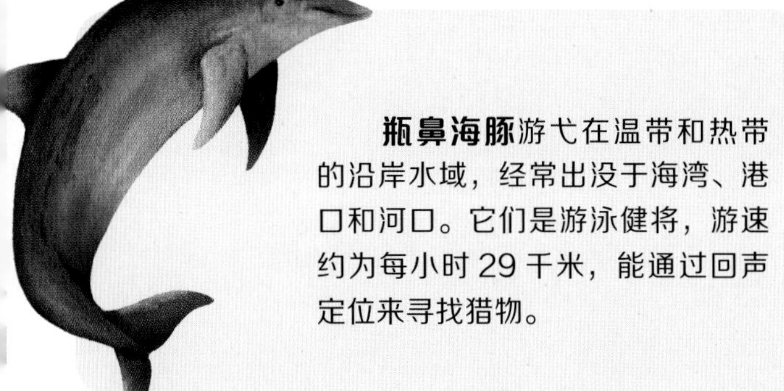

瓶鼻海豚游弋在温带和热带的沿岸水域，经常出没于海湾、港口和河口。它们是游泳健将，游速约为每小时 29 千米，能通过回声定位来寻找猎物。

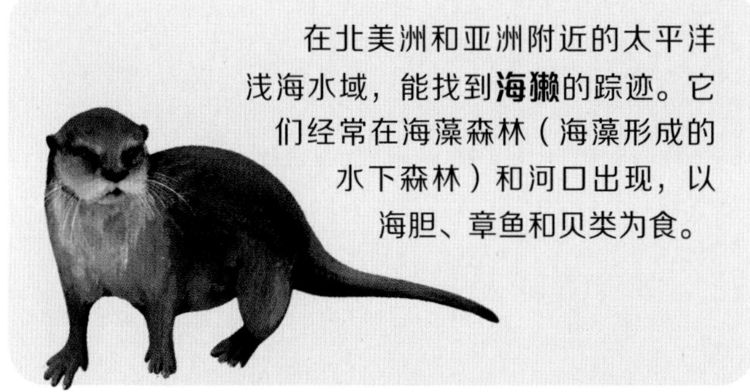

在北美洲和亚洲附近的太平洋浅海水域，能找到**海獭**的踪迹。它们经常在海藻森林（海藻形成的水下森林）和河口出现，以海胆、章鱼和贝类为食。

海牛是食草动物，以浅海水域的海草为食，体长可达 4 米，体重可达 600 千克。它们游得很慢，主要用尾巴推动自己前进。

座头鲸栖息在世界各大洋的沿岸水域，它们属于须鲸科，从水中滤食磷虾和小鱼。座头鲸之间通过不同音调、节奏和模式的复杂歌声来进行交流。

聪明的**虎鲸**是海豚科大家族中体形最大的成员，通常栖息在世界各大洋沿岸的寒冷水域。虎鲸喜欢集体狩猎，以鱼类和海洋哺乳动物为食。

海狮栖息在太平洋沿岸，游泳速度很快，能潜入水中捕食鱼类和乌贼。每到繁殖季节，海狮就会在沙滩上聚集成群，养育幼崽。

海象

海象是一种体形巨大、毛发浓密的鳍足类动物，主要生活在北冰洋及周边海域。岩岸和海上的浮冰是海象的繁衍生息之地，它们在浅水区觅食贝类，偶尔也会吃腐肉。

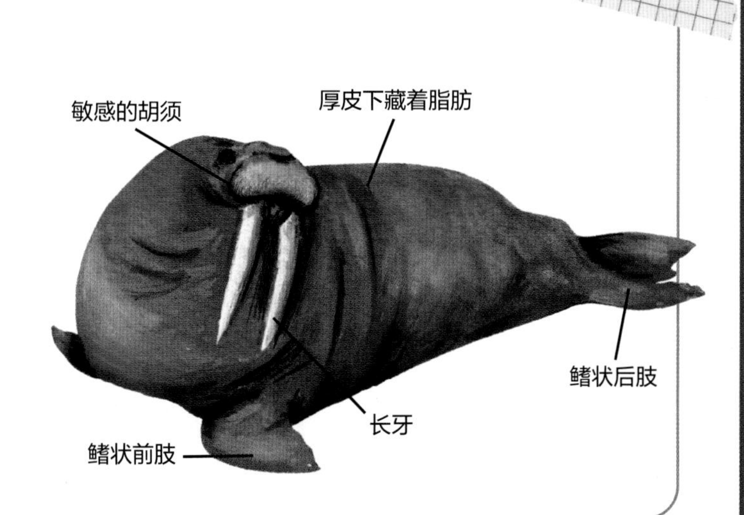

趣味小百科

其实，海象的“象牙”是它的大型犬齿，雌雄海象都有这样的长牙。

鸟 类

海鸟在各自的生态位觅食，以避免在海滨生态系统中相互争夺。它们通常是食肉动物，在海滩和沿海浅水区捕食鱼类、软体动物和甲壳类动物。它们也是群居动物，有时候不同种类的鸟也会聚到一起。

趣味小百科

许多海鸟都有保护色，可以隐蔽地寻找食物，在地面的巢中孵蛋时也很难被发现。

鸟 喙

有的喙就像镊子一样，可以夹起沙地或泥滩上的食物。

鸟喙的形状和特征各异，这都是为了捕获特定的猎物。

有的喙超级坚硬，可以撬开蚌壳或翻开岩石来寻找食物。

鸟喙上覆盖着一层角质，能起到保护作用。鸟喙分为上、下两部分，分别叫作上喙和下喙，类似我们人类的上腭和下腭。上喙不会动，下喙则可以。

有的喙形似大勺子，可以把水吸进口中，将小型无脊椎动物过滤出来。

鹈鹕的下喙有可以伸缩的喉囊，能把水里的鱼舀起来。

有的鸟用上翘的喙搅动沙子，让藏在地下的无脊椎动物无可遁形，然后尽情享用。

沿海地区的猛禽长着钩状的喙，可以撕裂大型猎物。

褐鹈鹕生活在北美洲和加勒比海地区，在中美洲和南美洲的部分沿海地区也能找到它们的踪迹。它们潜入水下捉鱼，用大喉囊把鱼舀走。

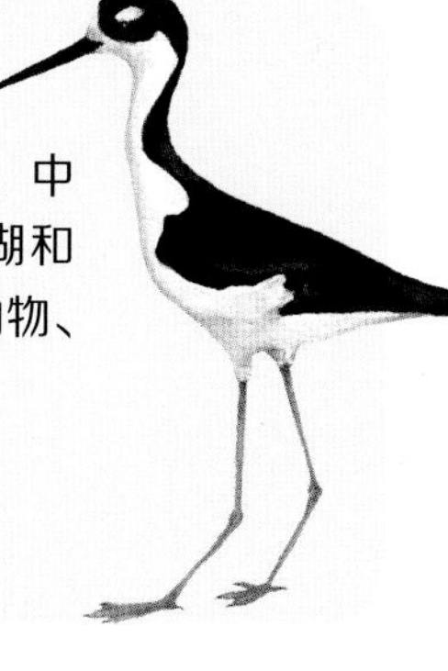

黑颈长脚鹬分布在北美洲、中美洲和南美洲，通常在泥滩、潟湖和盐沼中觅食，进食昆虫、甲壳类动物、鱼类、两栖动物和植被等。

笛鸻在北美洲大西洋沿岸地区的沙滩上活动。它们跑起来很快，发现蠕虫、昆虫、甲壳类动物等猎物时会俯身向前捕捉。

三趾鹬经常在沙滩上活动，寻找被海浪冲上岸的螃蟹，也因此为人们所知。到了繁殖季节，它们会在北美洲、欧洲和亚洲北部地区筑巢。

在美国和墨西哥的海岸上，经常能看到**美洲反嘴鹬**出没。它们来回摆动头，用长长的喙在水或沙子里觅食。

北美洲和南美洲的**黑剪嘴鸥**因长着长短不一的上下喙而为人所知。它们在水面上飞行，用较长的下喙掠过水面，一旦发现有猎物就迅速捕捉。

海鸥

海鸥是世界各地海滩上的常见鸟类，以鱼类和无脊椎动物为食，海鸥蛋和海鸥幼鸟则可能沦为更大型捕食者的狩猎目标。海鸥翅膀狭长，飞行速度很快。

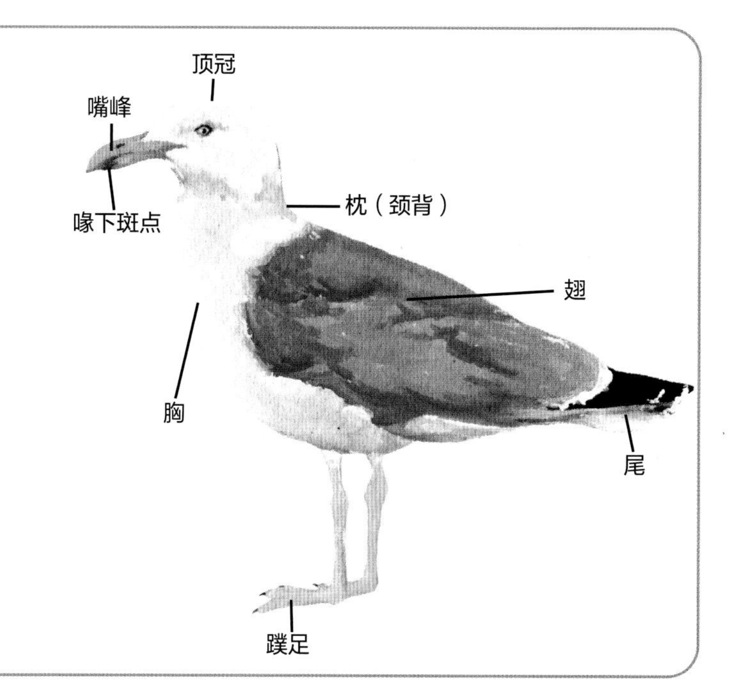

趣味小百科

海鸥的脚上长着蹼，可以用来划水。

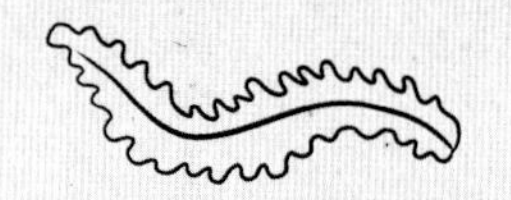

植物和藻类

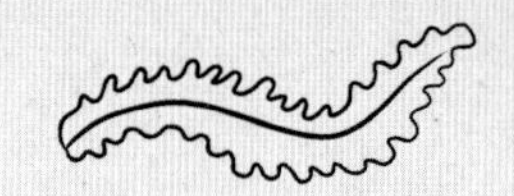

海草和褐藻门的海带目藻类生长在世界各地的沿海水域，为生物提供食物和庇护所。海草可以通过根系把自己固定在海底，海带目藻类则长有能附着在岩石上的特殊结构，因而不会顺水漂走。沿海植物必须适应含有盐分的海雾、沙质土壤和刺骨寒风，它们大多低矮且叶片较小，以防止水分流失。

趣味小百科

海带目藻类与植物有许多相似之处，但它们实际上是原生生物。

海藻森林

海藻森林生长在浅水区，主要由海带目藻类构成，这里的阳光能让它们快速生长。海带目藻类的叶状体向上生长，延伸到海洋表层，就像陆地森林中的树冠。这种大片的森林养育着各种各样的海洋生物，如海胆、软体动物、鱼类和海洋哺乳动物。

趣味小百科

在适宜的环境中，海带目藻类每天可生长 60 厘米。

齿缘墨角藻是一种褐藻，生长在欧洲和北美东北部的大西洋沿岸地区，叶片呈锯齿状，是岩岸上无脊椎动物的庇护所。

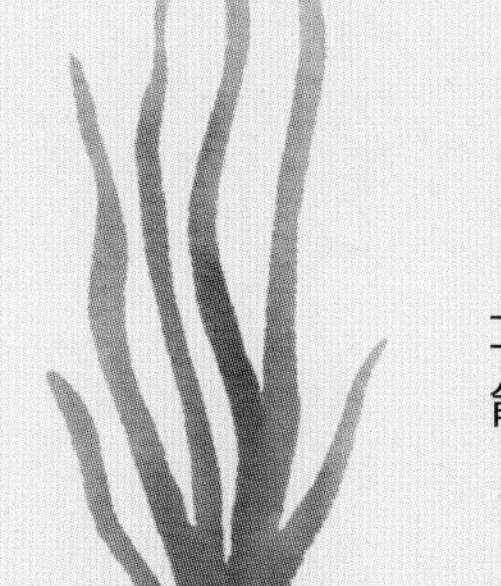

黑纤维虾海藻在亚洲东北部的岩岸上广泛分布，通过匍匐生长的根茎来繁殖。

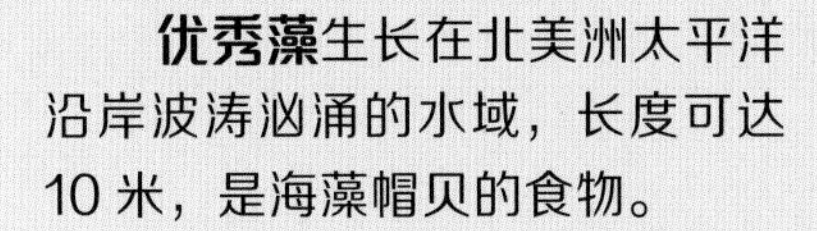

优秀藻生长在北美洲太平洋沿岸波涛汹涌的水域，长度可达10米，是海藻帽贝的食物。

滨海沙马鞭会绽放美丽的紫色花朵，与可储藏盐分的绿色叶片相映成趣。它们生长在北美洲加利福尼亚海岸的沙地上，为野生动物提供了掩护。

海刀豆是藤本植物，可以稳固热带海岸上的沙土。它全年盛开黄色的花朵，种子像豌豆一样在豆荚里生长。

滨草原产于欧洲和亚洲部分地区，现已被引入世界各地。这种植物长得非常密集，形成的相连草丛能拦住飘散的沙粒，有助于沙丘的形成。

海带结构图

海带是一种生长在寒冷沿海浅水区的褐藻，虽然不是植物，但结构与植物相似，也能进行光合作用。

趣味小百科

海带没有根，而是利用固着器吸附在岩石上。

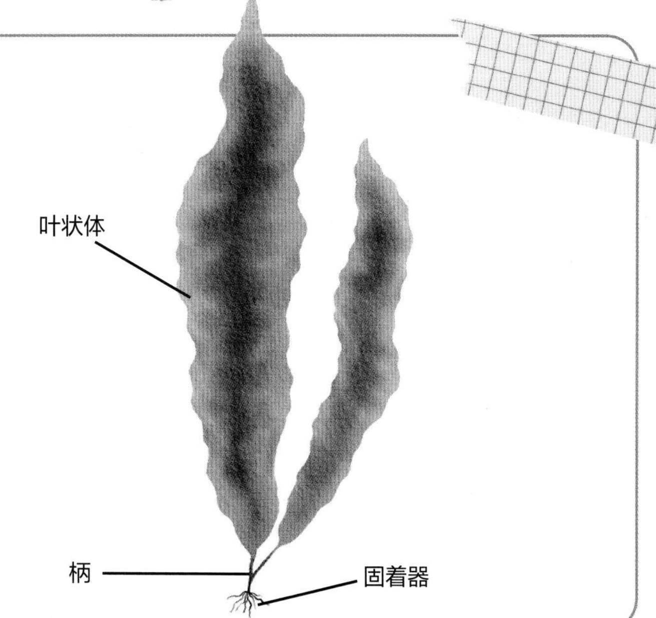

实践活动

现在，你已经走遍了全世界的海滨。不论是最微小的浮游生物，还是最大的沿海掠食者，你都已经有所了解，也考察了这种非同寻常的生态系统。在本部分，你可以进行一系列和海滨生态系统相关的活动。

自然日志

记得带上你的自然日志，沿着海边散步，寻找灵感。在日志中创作一幅风景素描，水彩画也可以。你也可以记录一些更具体的内容，例如发现的贝壳、附近的植物或你在潮池中看到的生物。一定要注明地点、日期、时间和天气状况。你如果不住在海边，也可以借助照片来完成这个练习，或者记录你以前去海边时发现的大自然的奥秘。你也可以阅读相关书籍或观看纪录片，从中摘录有关沿海生物的内容。

盐 画

我们现在已经知道，海水中有溶解的盐分，但你知道吗？其实盐也是一种可用于艺术创作的有趣材料！你需要准备胶水、卡纸（或硬纸板）、铅笔、食盐、滴管、水性颜料和水。

把胶水挤在卡纸或硬纸板上，创作一幅图画或抽象图案。当然，你也可以先用铅笔画好图案再挤胶水。

趁胶水未干透时往上面倒盐，让盐粘在胶水上。

胶水干透后，用滴管往盐上滴涂水性颜料。水性颜料会被盐吸收，在纸上形成凸起的美丽图案。

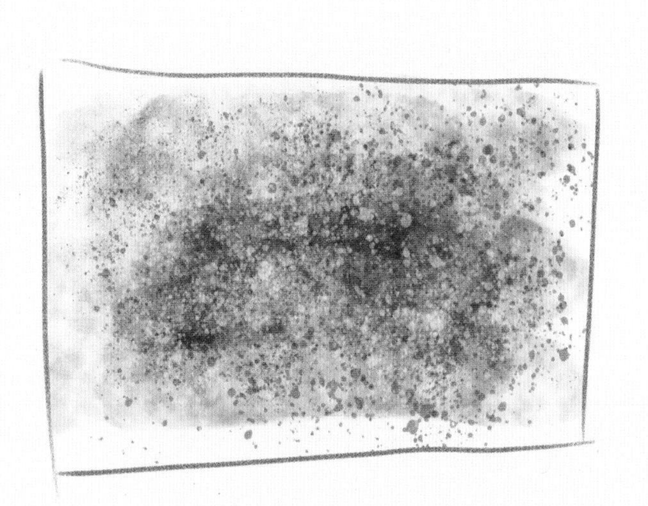

盐、面团与贝壳

混合了盐的面团可塑性很强，也不容易裂开。用这种面团来制作贝壳艺术品吧！你可以擀一块面团，用贝壳印出模子。将贝壳用力压入面团中，然后取出来，看看贝壳留下了什么图案。你可以烘烤这个模子，把它保存下来，也可以把它擀平，用别的贝壳印一个新的模子。烘烤过的模子可以留作艺术品，也可以用作镇纸。此外，你还可以根据喜好用面团捏出许许多多贝壳，烘烤后留作藏品。

瓶子里的海洋

我们已经了解过了海洋的垂直结构，上层带阳光普照，超深渊带黑暗无比。让我们一起来制作海洋带的模型吧！准备碗、勺子、瓶子、食用色素（蓝色、绿色和红色），用漏斗依次将混合了食用色素的玉米糖浆、洗洁精、水、植物油和酒精倒入瓶中，以便恰到好处地模拟海洋带，同时避免材料粘到瓶壁上。

1. 将三种食用色素混合滴入 240 毫升的玉米糖浆中，直到液体变为黑色。这一层代表超深渊带。把液体倒进瓶子时记得要用漏斗哦！
2. 将碗清洗干净，加入 240 毫升洗洁精，再加入红色和蓝色两种食用色素，将液体调成深紫色。混合均匀后，用干净的漏斗将这一层倒入瓶中。这一层代表深渊带。
3. 将碗清洗干净，加入 240 毫升水，再加入几滴绿色食用色素和一滴蓝色食用色素。混合均匀后，用干净的漏斗将这一层倒入瓶中。这一层代表深层带。
4. 将碗清洗干净，加入 240 毫升植物油，再加入几滴蓝色食用色素。混合均匀后，用干净的漏斗将这一层倒入瓶中。这一层代表中层带。
5. 将碗清洗干净，加入 240 毫升酒精，滴入极少量蓝色食用色素。混合均匀后，用干净的漏斗将这一层倒入瓶中。这一层代表上层带，即能被阳光充分照射的那一层。
6. 你可以为每一层贴上标签，也可以在日志中绘制图例，标明哪种颜色代表什么。

实践活动

海滩上的世界

沿着海滩散步，一路寻找贝壳、鲨鱼牙齿、海玻璃，以及其他被冲到岸上的有趣物件吧！暴风雨刚刚停歇时和起风时，是探索海滩的不错时机，你可以去看看海浪和风带来了什么宝贝。如果你去的海滩允许的话，你甚至可以把找到的宝贝带回家。在海滩上时，记得要时不时看看大海，说不定能看到海豚、鲨鱼、海牛和鲸等动物。

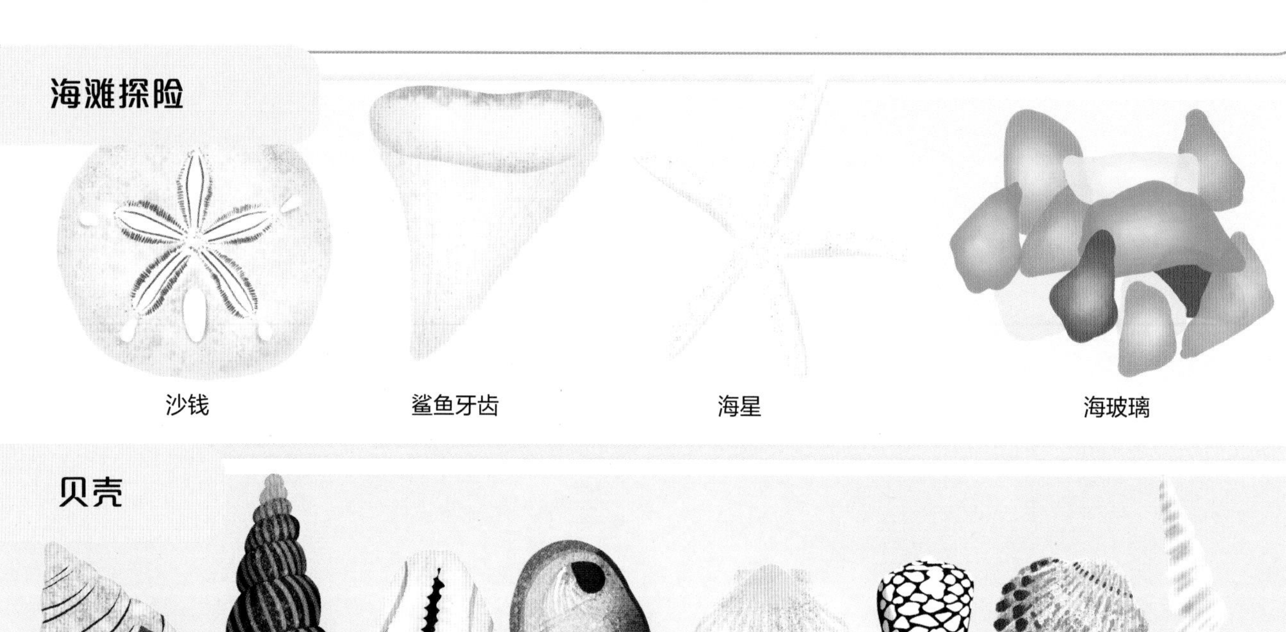

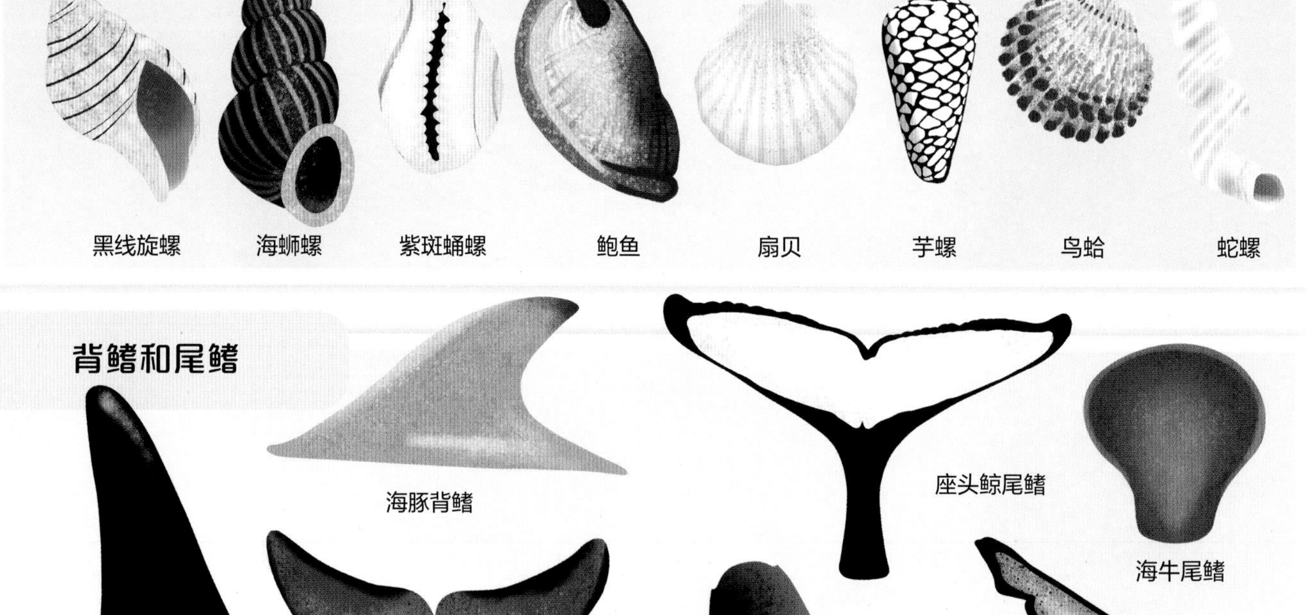

海滨寻宝游戏

你可以列一个寻宝清单，下次去海边时照着清单寻找，同时检验一下自己的观察能力和感官能力！你如果不住在海边，也可以去湖泊、池塘、溪流或湿地，并根据自己的所在地区调整寻宝清单。你如果不能去户外活动，也可以发挥想象力，在室内完成这个寻宝游戏！

√ 一个小贝壳

√ 漂浮物

√ 沙子

√ 脚印

√ 鸟鸣

√ 垃圾（之后一定要记得扔掉）

√ 海藻或海草

你知道吗？

沙滩堪称地球上所有类型的海滩中最美丽的。沙滩上的鹅卵石和柔软的沙子大多是岩石经过时间的打磨形成的。风和海水不断侵蚀岩石，将其磨损成小块，最终变成沙子。岩石碎片被水流带到远方，在新的地方沉积下来，这个过程经常发生在风暴登陆时。流动的海水可能会在近海区域冲击出沿岸洼槽和沙坝，沉积物也会随海浪冲到岸上。

第四章

草　原

一眼望不到边际的绿草在无情的风中摇摆，波浪起伏。草原生态系统通常位于山脉之间，在温带和热带地区都可以找到。这里往往降水稀少，土壤适合须芒草、黄背草和紫锥花等植物生长。

人们提到温带草原，总会想到肥沃的土壤和多样的穴居生物。温带草原主要分布在北美洲和欧洲。这里的气候夏季温和，冬季寒冷。大部分降雨发生在春、夏两季，冬季则会降雪。热带稀树草原是热带草原，既有雨季也有旱季，主要分布在非洲、澳大利亚、南美洲和亚洲。

草原为陆地和空中的各种生物提供了栖息地。全球约四分之一的土地都是草原，草原的面貌也随着人类历史的更迭发生了巨大变化。草原地势相对平坦开阔，土壤适于耕作，因此人类一直把草原用于农业生产。农民在这里饲养牲畜，种植作物。草原是一种广阔的生态环境，人类和无数动植物在这里繁衍生息。

在本章中，我们将了解草原的价值，你也将在这个重要而美丽的生态系统中发现各种动植物。

草原生态系统

一般来说，草原指温带和热带地区开阔平坦的陆地。从潘帕斯草原到北美大草原，再从干草原到热带稀树草原，草原有多种类型和称呼，这种生态系统遍布世界各地，除南极洲外各大洲均有分布。

欧洲、亚洲、北美洲、南美洲和大洋洲分布着土壤肥沃的温带草原。热带草原则分布在大洋洲、非洲、亚洲和南美洲靠近赤道的地区，土壤干燥多尘，并不是非常肥沃。

趣味小百科

草本植物是地球上最重要的植物类型之一。当草本植物成了生态系统中的主要植物，这块区域就被称为草原。

草原的形成

多雨但土壤湿度不足以支持大量树木生长的地区草原较多，这里的先锋物种（生态群落中较早出现的物种）通常是一年生草本植物，然后多年生草本植物也会慢慢长出来。

不同类型的草原

草本植物虽然是草原这种广阔的生态系统中最常见的植物，但具体物种也因所在气候带和大陆的不同而各异。让我们见识一下世界各地温带草原和热带草原的多样性吧。

北美大草原的土壤可能是各类草原中最肥沃的。不同高度的草本植物是这里的主要植物，分高草层、中草层和矮草层，大量生长的野花为广袤的草地增添了色彩。

亚洲的蒙古地区绵延着大片**干草原**。这里的草原属于温带干旱草原，全年降水量很少，主要生长着中高草，为瞪羚、雉鸡等野生动物和牧民的牲畜提供了栖息地和食物。

潘帕斯草原（南美大草原）主要分布在南美洲的阿根廷境内，位于大西洋沿岸和安第斯山脉之间，气候温暖又潮湿。蒲苇（又名潘帕斯草）是潘帕斯草原上较为人知的植物。

热带稀树草原分布在热带地区，是许多特有物种的家园。这种热带草原的干湿季节非常分明，地面覆盖着茂密的草丛和灌木，稀疏分布着桉树、金合欢等。

趣味小百科

有的草原有涵养水源的功能，可以降低水灾隐患。

总体而言，草原比较干燥，降水以雨雪形式出现。由于树木稀少，这里的风力十分强劲。草原的气温和地理位置有关。有的地方可低至零下，有的地方可高达 30℃。

热带稀树草原也叫萨瓦纳草原或热带季风草原，年降水量可达 130 厘米，但雨水往往集中在一个季节，一年中的其余时间都很干燥。草本植物能够在这种天气模式中生长，但大多数树种需要全年有水才能存活。

温带草原的四季较为分明，这里全年都有降水，雨水集中在夏季，冬季会下雪。较高的草种往往生长在北美大草原上，因为那里水分充足。在较干燥的草原地区，草种普遍较矮。

草原火灾

野火听上去似乎很可怕且极具破坏性，但其实野火也有其存在的意义。草原上的动植物演化出了适应这种自然灾害的生存能力。

趣味小百科

草原火灾能防止木本植物过度生长，从而维持原有的生态环境。

火灾通常发生在一年中的干燥时期，风也会助长火势。如果没有灌木丛作为燃料，草原火灾很快就会燃尽熄灭。

即使草的叶片和地上茎被烧毁，它们隐匿于土表之下的根和地下茎依然无恙。

为了适应环境，草原上的动物演化出了一些特别的能力，有的跑得很快，可以飞速逃离火场，还有的会钻进地洞逃生。

趣味小百科

草原动物的迁徙行为与雨季和地区范围内的年度洪水有关。广袤开阔的草原上偶尔会有危险的暴风雨，甚至还会出现龙卷风。

龙卷风的形成过程

到了夏季，强烈的暴风雨会席卷北美大草原。当冷暖气团在北美洲中部相遇时，就可能引发伴有闪电和龙卷风的狂风暴雨。暖空气上升，冷空气下降，这种交互作用可能产生气流涡旋，从而形成龙卷风。龙卷风的风速可达每小时 400 千米。

积雨云

冷空气下降，形成漏斗状

风在水平方向上的速度发生变化，产生旋转的气流

风向发生偏离，形成逆时针旋转的气流

暖湿气流上升

禾本科植物

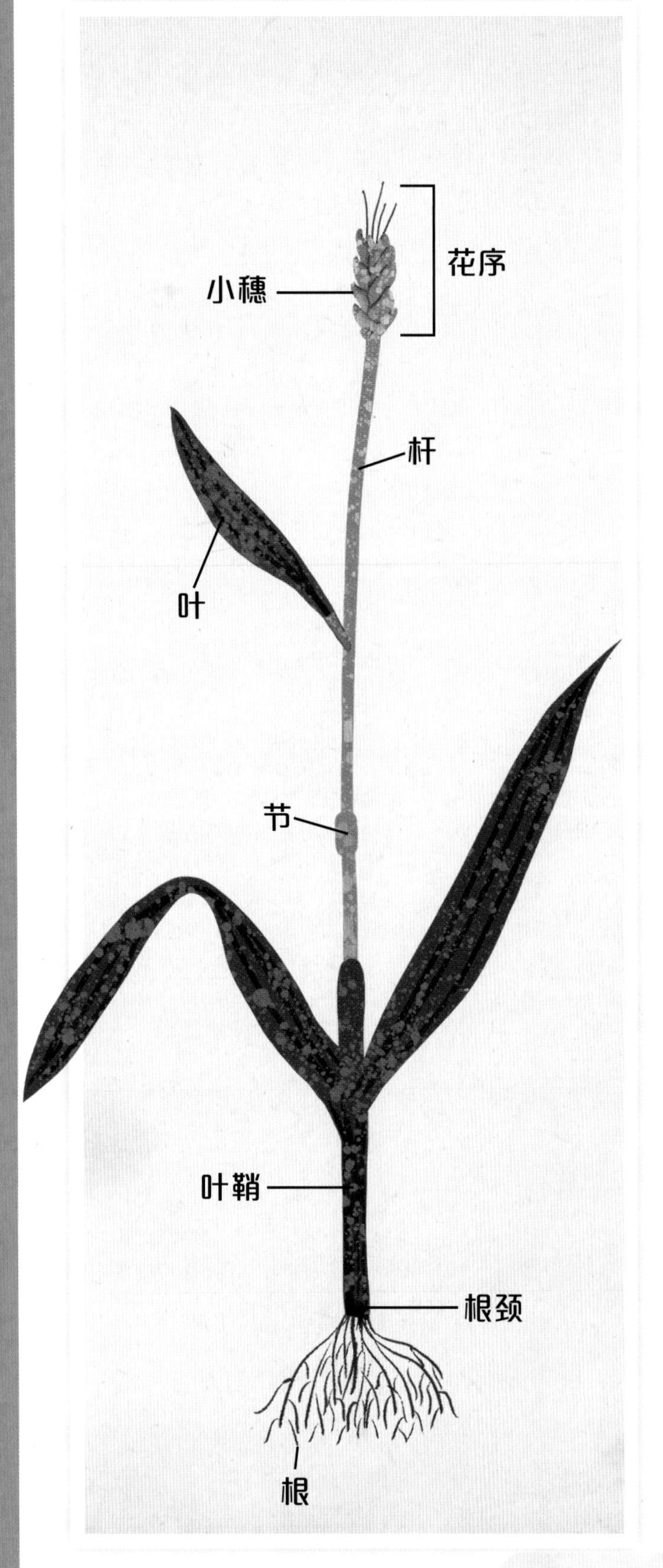

在普通人眼里，禾本科植物看起来都差别不大，但其实这个家族中有超过 10 000 个物种。

· 禾本科植物的叶片长在茎的特定部位，这个部位叫作节。

· 自然生长的情况下，禾本科植物杆的顶端会长出小穗，小穗会开出花朵，结出种子。

· 禾本科植物通过深入地下的根系吸收水分和养分，也因此不易被吹走或连根拔起。

· 禾本科植物的根紧紧地抓住土壤，防止土壤在刮风下雨时流失。

趣味小百科

禾本科植物是草原动物和人类的主要食物来源。我们吃的玉米、燕麦、小麦等食物，其实都是禾本科植物的种子。

草原的土壤

草原的土壤质地和肥力有很大差异，有的质地较轻、尘土飞扬，有的非常肥沃。热带稀树草原的表层土壤可能含腐殖质（动植物死亡后腐烂而成的有机物质），但并不深厚。这里的土壤通常比较干燥，水分进入土壤后会很快流失。温带草原的土壤排水性好，可以防止水分过分聚积，同时能保持足够的湿润度供草本植物生长。北美大草原的土壤就是如此，这里的土壤富含养分、黝黑肥沃。

趣味小百科

植物死后根部会腐烂，土壤因此得到滋养，养育新的植物。

植物的光合作用

动物的呼吸作用

植物的呼吸作用

植物吸收大气中的二氧化碳

植物根吸收氮

腐烂的动物

储存的碳

腐烂的有机物

碳循环

碳是所有生物的组成成分，生长在世界各地草原上的植物亦不例外。草原上的植物从大气中吸收二氧化碳，用于光合作用，多余的碳大都储存在地下根中。即使植物死亡，根仍然留在地下。它们最终会腐烂，将碳释放到土壤中。

趣味小百科

草原土壤如同一个储存碳的大仓库。

其他植物

当然了，禾本科植物并不是草原上唯一的植物。非禾本科草本植物也是开花植物，它们的茎每年都会枯萎，活着的根部在下一个生长季节再次焕发生命力。草原上的非禾本科草本植物通常是各种各样的野花，比如向日葵、一枝黄花和耧斗菜。木本植物尽管经常会在草原火灾中被烧毁，或无法适应干旱环境，但仍有一些能生存下来。

趣味小百科

非洲的热带稀树草原上有金合欢和猴面包树，澳大利亚的草原上桉树更为常见。

种子散布

为了把种子散布出去，植物们用尽了各种办法。

柳树利用风力来传播种子，它们的种子上长着棉花状的绒毛。

向日葵依赖动物传播种子。种子被动物吃下又被排出，在新的地方生根发芽。

羽扇豆通过弹射传播的方式，把种子从豆荚中射出。

苍耳的种子会附着在动物的皮毛上，被动物带到新的地方。

蒲苇原产于南美洲的草原，可以适应干燥的环境和炽热的阳光。它们会产生大量种子，让种子随风飘散。

松果菊生长在北美大草原上，喜欢潮湿的土壤，花瓣呈粉紫色。有些鸟类以它们的种子为食。

狭叶鼻花原产于欧洲和亚洲的温带草原，种子在蒴果内生长。种子成熟后，摇晃蒴果可听到碰撞声。

狗牙根原产于非洲东南部，现已被引入世界各地的草原和农业区，可通过匍匐茎和根茎迅速繁殖。

象草在靠近水源的肥沃土壤中生长。在非洲的热带稀树草原上，象草可长到高达 3 米。大象以这种茂密的植物为食。

到了夏末时节，北美大草原上的**一枝黄花**会绽放亮黄色的花朵。在花季将过，大多数植物的花朵已经凋谢时，蜜蜂等传粉者就靠吸食一枝黄花的花蜜为生。

向日葵

北美大草原上生长着向日葵，它们需要大量阳光才能茁壮成长。向日葵大大的花盘从早到晚都跟着太阳转动。

趣味小百科

其实，向日葵的大花盘是成百上千朵小花组合而成的。

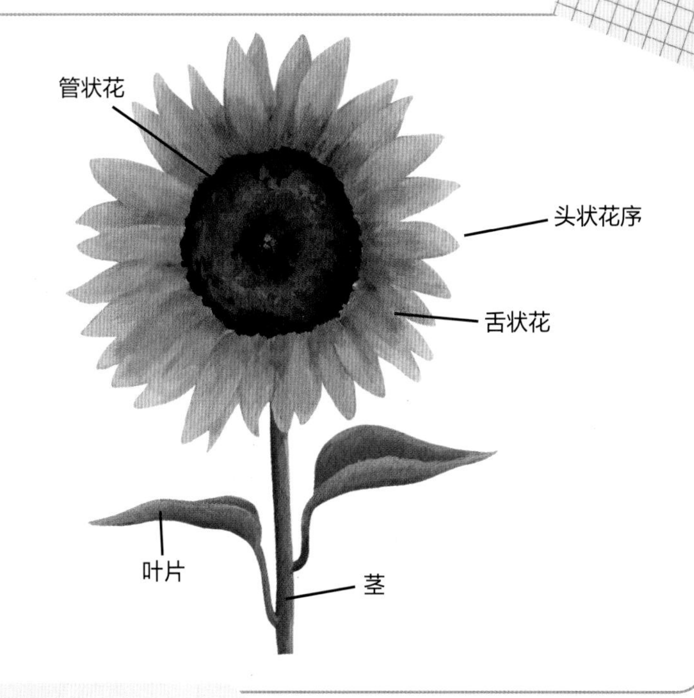

常见动物

食肉动物VS.食草动物

北美大草原和热带稀树草原的广袤草地吸引了野牛、斑马、叉角羚和长颈鹿等食草动物来此繁衍生息。食草动物以植物为食，而狮子、鹰、蛇和狼等草原食肉动物则以其他动物为食。郊狼、狒狒等物种是杂食动物，既吃肉也吃植物。

趣味小百科

草原空间开阔，动物们没有多少藏身之处。许多动物行动敏捷，总是成群结队地活动，以躲避捕食者。还有的动物会钻到地下躲起来，比如草原犬鼠等。

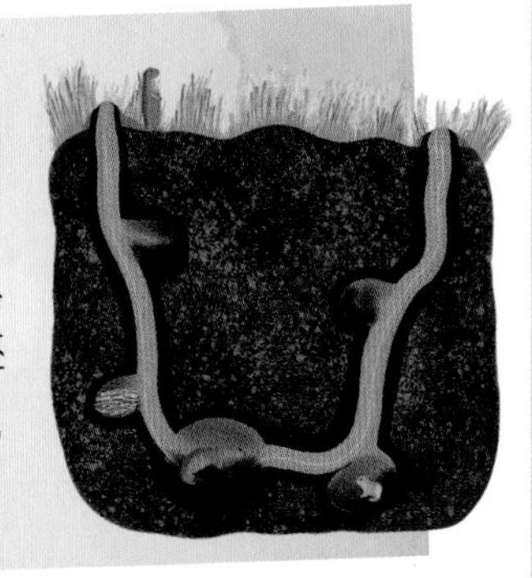

食肉动物

· 紧贴脑袋的耳朵

· 眼睛长在脑袋前方

· 吞噬猎物的大嘴

· 撕咬肉类的尖利牙齿

· 有力的颌部

· 强壮的脚掌

· 锋利的爪

食草动物

· 防御用的角

· 伸展的大耳朵

· 眼睛长在脑袋两侧

· 小小的嘴和颌部

· 擅长磨碎植物纤维的平钝牙齿

· 细长的腿擅长奔跑

· 扁平的蹄

食草动物和草原生态系统

食草动物成群结队地在草原上啃食低矮的植被，防止木本植物过度生长，从而维持草原生态系统的特性。可以说，食草动物对于维持草原生态系统的平衡至关重要。

趣味小百科

草本植物之所以没被吃光，是因为它们的生长点（新茎叶萌发的位置）靠近地面甚至在地下，即使地表之上的大部分被吃掉，也能再次生出新的茎叶。

红大袋鼠分布在澳大利亚的大部分地区。它们喜欢开阔的草原地带，以草本植物和灌木为食，也从食物中获取大部分水分。

分布在中美洲和南美洲的**大食蚁兽**没有牙齿，它们用舌头捕食蚂蚁。它们把蚁巢当作食堂，在捕食时并不会破坏蚁巢，而是以一种可持续的方式，多次前来进食。

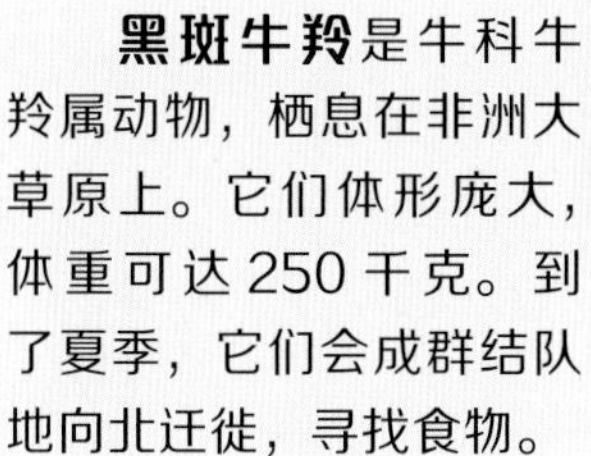

黑斑牛羚是牛科牛羚属动物，栖息在非洲大草原上。它们体形庞大，体重可达 250 千克。到了夏季，它们会成群结队地向北迁徙，寻找食物。

草原犬鼠是一种啮齿动物，因叫声尖锐而得名“草原犬”。它们原产于北美大草原，喜欢群居，会挖掘结构复杂的洞穴。

东非狒狒原产于非洲的热带草原，是一种群居的杂食性动物，以花、叶、水果、昆虫和其他小动物为食。

叉角羚是北美大草原上的群居动物，拥有极佳的视力，可以发现远处的天敌。它们跑得飞快，时速可达 100 千米。

美洲野牛

美洲野牛曾成群结队地在北美大草原上游荡，如今却已濒临灭绝。受到惊吓时，它们会集体快速奔跑，速度可达每小时 65 千米。

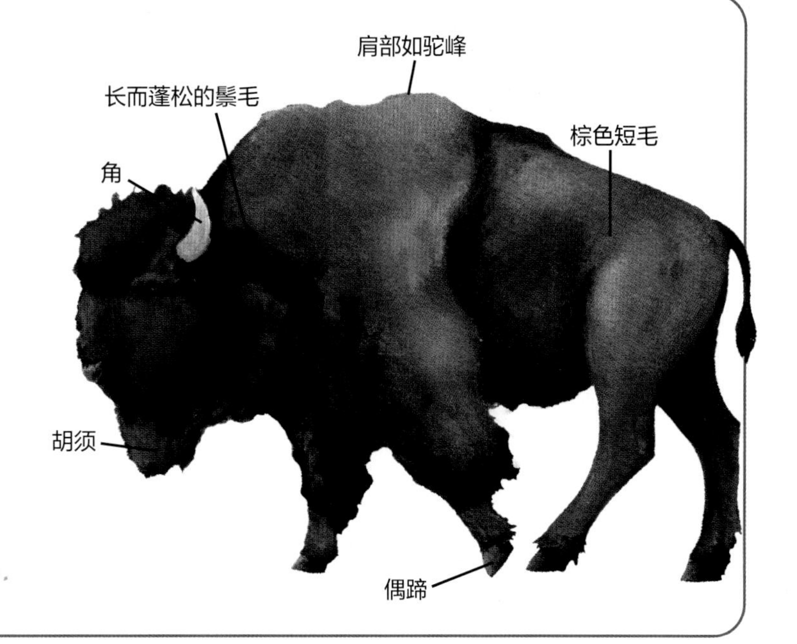

趣味小百科

美洲野牛是北美洲体形最大的哺乳动物。

捕食者

在热带稀树草原、温带草原和干草原上，分布着狮子、猎豹、豺、狼、郊狼、蛇、猫头鹰、鹰等许多捕食者。这些捕食者在捕捉猎物时“鬼鬼祟祟”，它们动作敏捷、身强体壮，有的还成群狩猎。它们有的借助身上的花纹更好地和草原环境融为一体，从而避免被发现。

草原上的食物链

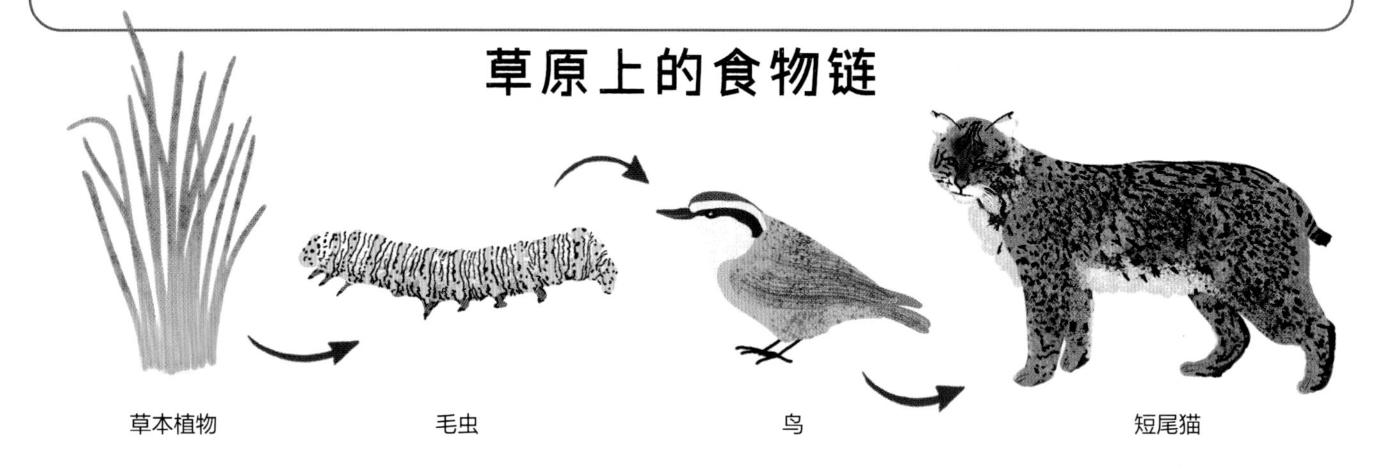

趣味小百科

草原上的捕食者可以维持区域内食草动物的数量，因此植被既不会过度生长，也不会被过度啃食。

捕食者的适应性：偷袭和保护色

猎物有的擅奔跑，有的爱挖洞，还经常成群结队地活动以降低个体被捕食的概率，因此捕食者必须迅速发动偷袭才能更好得手。

· 许多捕食者利用保护色与周围环境融为一体，以达到伏击猎物的目的。

· 猎豹身上遍布黑斑，能让自己更好地融入周围环境，可隐藏在高高的草丛中狩猎。

· 狮子和郊狼的毛色和周围环境相似，因此很难被发现。

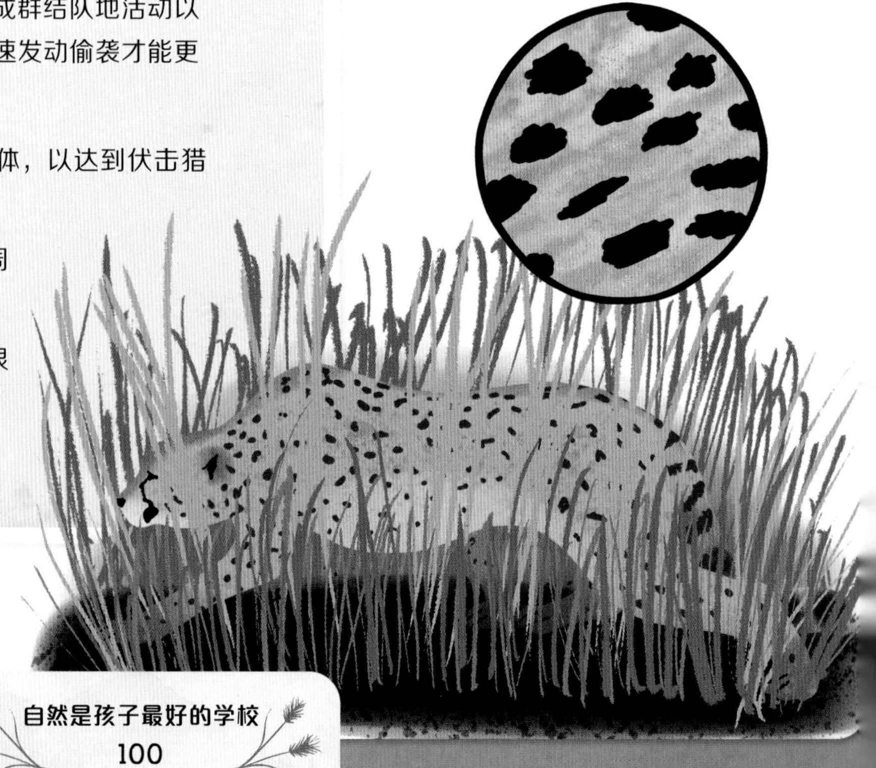

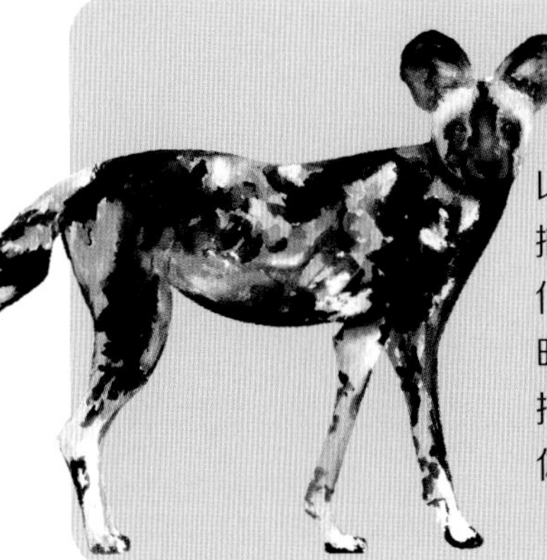

非洲野犬在撒哈拉以南非洲的开阔平原上捕食小型哺乳动物。它们的视力非常好，在黎明和黄昏时分狩猎，在捕杀大型猎物时也会集体行动。

草原雕栖息在亚洲和非洲的草原上。这种大型猛禽会捕食小型哺乳动物、鸟类和爬行动物，也会和秃鹫一样吃腐肉。

郊狼的视觉和听觉能力超群，善于发现兔子和鹿等猎物。它们捕猎时奔跑速度极快，时速可达 65 千米。有时它们也会集体狩猎。

狮子在非洲的热带稀树草原上游荡，毛色与周围环境融为一体。它们身体强壮，可以捕杀斑马等大型猎物，也有记录表明它们会抢夺其他食肉动物的食物。

猎豹

猎豹是陆地哺乳动物中跑得最快的，时速可达 120 千米。猎豹的身体特征使得它们成了非洲大草原上的短跑冠军：头形、体形和长而灵活的脊柱都有助于它们以最高速度奔跑。

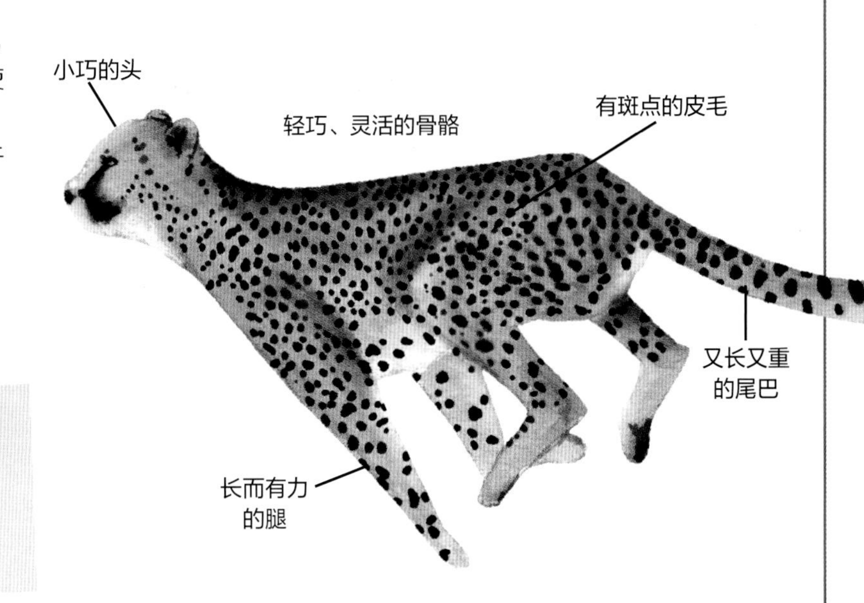

趣味小百科

高速奔跑时，猎豹可以通过摆动尾巴来改变方向。

鸟 类

羽毛的种类

飞羽很长，中间的轴形结构名为羽轴。羽轴两侧长有羽枝，羽枝通过钩状凸起相互连接在一起。飞羽并非对称结构，其前缘薄且硬，能更好地切开空气，使鸟类迎风飞翔。

尾羽的结构与飞羽相似，也称舵羽，能使鸟类在飞行中转向、停止和保持平衡。

覆羽覆盖在飞羽上，相当于翅的“保护罩”。

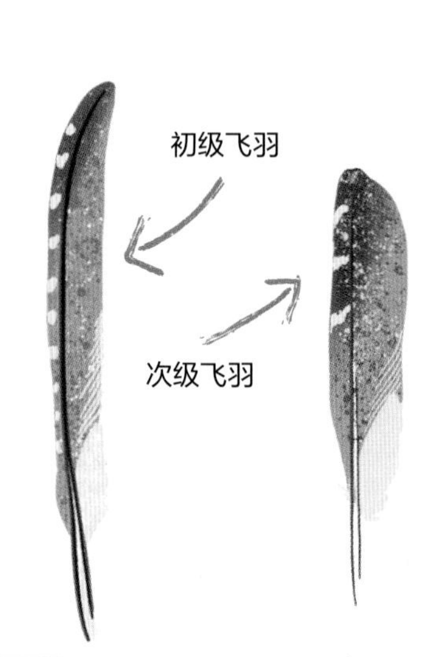

尾羽

初级飞羽

次级飞羽

覆羽

鸟类的一生

刚破壳的小鸟无法自主觅食，需要在巢穴中接受父母的照顾，这个阶段叫作留巢期。

幼鸟羽翼逐渐丰满，开始具备飞行能力。它们可能会离开巢穴，但仍然依赖父母照顾。

能够独立生活后，幼鸟会离开巢穴，但这时它们的羽毛颜色仍然比较暗淡，这有助于在环境中伪装，避开天敌。

它们很快就会长到成年，孵化出新的小鸟，新的小鸟也将继续重复这个过程。

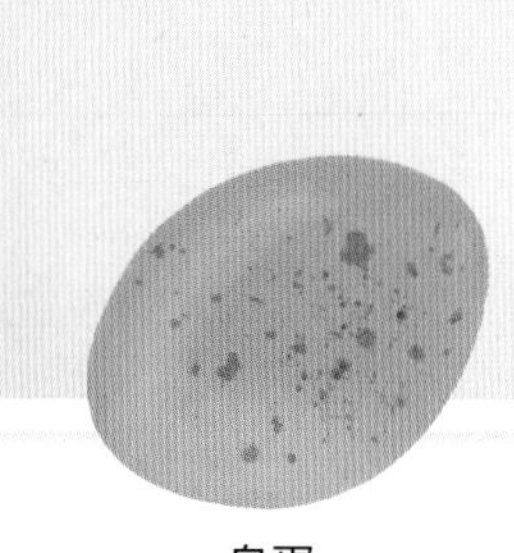

鸟蛋

幼鸟

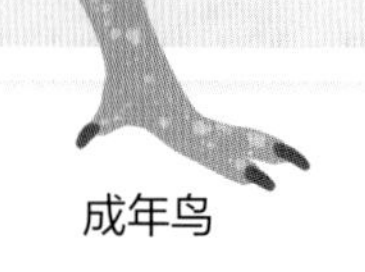

成年鸟

趣味小百科

在有能力自己觅食之前，小鸟要留在温暖的巢穴，依赖父母给它们喂食。

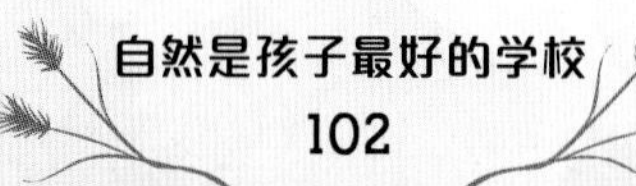

雉鸡原产于亚洲，有短距离飞行的能力，可以在必要时逃离危险。雉鸡在地面上觅食，啄食种子、浆果和昆虫。

穴鸮会挖洞，有时也住在草原犬鼠或地松鼠遗弃的洞穴里。它们生活在北美洲和南美洲的开阔草原上，以昆虫和小型哺乳动物为食。

黑肩鸢是一种小型的白色猛禽，肩部呈黑色，是澳大利亚草原上的常见鸟类。寻找啮齿动物、昆虫等猎物时，它们会在地面上方盘旋。

美洲鸵在南美洲的潘帕斯草原上活动，觅食种子、水果和小动物。这种不会飞的大型鸟类喜欢群居，到了冬季可能还会和鹿、原驼一起活动。

黑琴鸡生活在欧洲和亚洲的部分地区，在开阔的草原上可以看到它们的身影。它们通常在地面上觅食，寻找浆果和植被等。

非洲兀鹫在撒哈拉以南非洲的热带稀树草原上空飞行，寻找腐肉来饱腹。它们的翅展超过2米，喜欢三三两两地聚在一起觅食和休息。

草原松鸡

草原松鸡在北美大草原上活动。每到春天，雄性草原松鸡便聚集在繁殖区域，通过跳舞和鸣叫来吸引雌性。

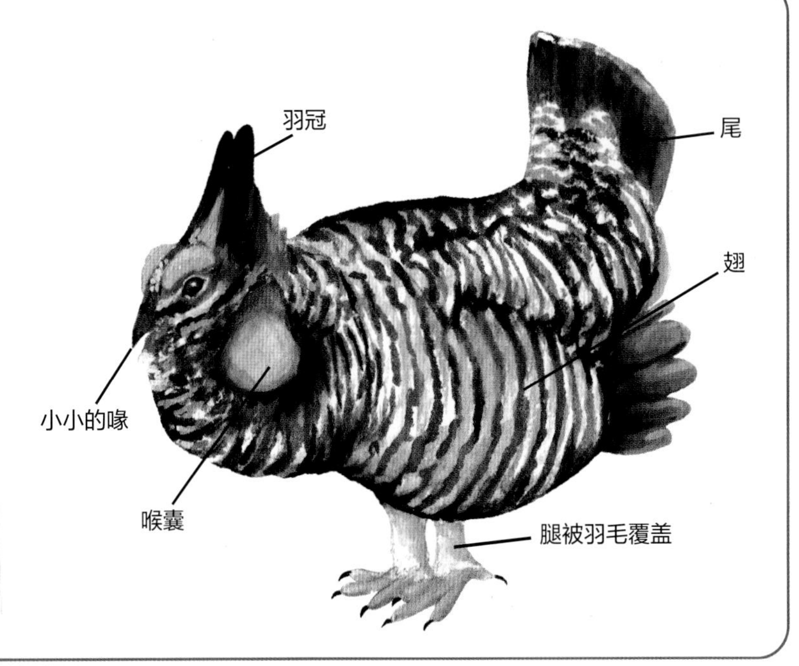

趣味小百科

雄性草原松鸡会鼓起橙色的喉囊，发出响亮的低鸣声，同时用爪跺踩地面，以吸引雌性。

爬行动物与两栖动物

爬行动物身上覆盖着鳞片，可以轻松度过北美大草原和热带稀树草原的干旱季节。气温过高时，它们可以躲到植物或岩石下的阴凉处；气温偏低时，它们可以在露天的地方晒太阳。两栖动物则必须保持湿润，因为它们通过皮肤来辅助呼吸。为此，它们要么在土壤中挖洞，要么躲在岩石下，要么选择在湿地或溪流附近生活。

趣味小百科

爬行动物与两栖动物一般是食肉动物，以昆虫、鸟类和哺乳动物为食。不过，它们也可能沦为其他捕食者的猎物。在草原生态系统的食物链中，大型哺乳动物（如郊狼）和猛禽（如鹰和猫头鹰）都是它们的天敌。

爬行动物的一生

爬行动物的幼崽刚破壳时就已经和父母长得非常像了，只是体形较小，颜色可能有所不同。

趣味小百科

大多数爬行动物在刚破壳时就必须自己觅食和寻找水源，还必须学会躲藏和抵御天敌。

普通非洲蟾最早发现于非洲热带稀树草原。这种草原两栖动物体形很大，体长可达 13 厘米，以生态系统中的蚂蚁、白蚁、甲虫等昆虫为食。

侧纹鳝蜥栖息在澳大利亚的温带草原。这种蜥蜴外形似蛇，身上长着条纹，能隐秘地躲藏在茂密的草丛中，以蜘蛛、毛虫等无脊椎动物为食。

草原响尾蛇是生活在北美大草原上的大型蛇类。它们的颜色与周围环境相似，因而很难被发现。草原响尾蛇以草原犬鼠、鼠和其他小型动物为食。

豹纹陆龟生活在非洲的热带稀树草原上，是草食性龟类，可以在体内储藏水分，以度过旱季。它们是晨昏型动物，在黄昏和黎明时分最为活跃。

大平原石龙子

大平原石龙子是北美洲温带草原上特有的蜥蜴，天敌是蛇和鸟类。

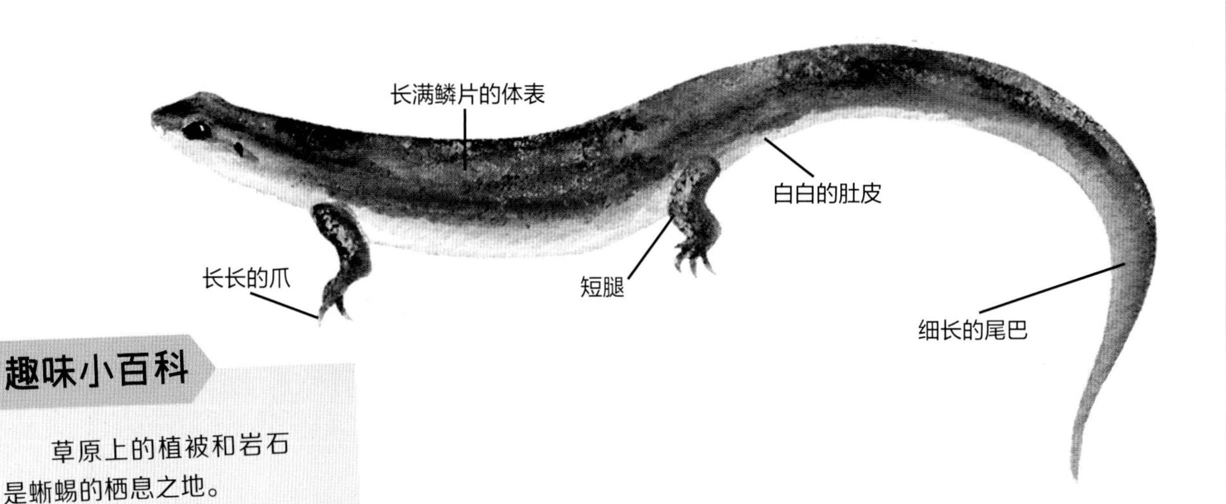

趣味小百科

草原上的植被和岩石是蜥蜴的栖息之地。

无脊椎动物

无脊椎动物是草原上个头较小的物种，但如果没有它们，北美大草原和热带稀树草原不会有现在的样貌。对鸣禽和哺乳动物来说，无脊椎动物是丰富的食物来源。无脊椎动物还能分解动植物的尸体，把养分归还给土壤。蚂蚁、白蚁等动物能在地下挖掘洞穴，促进土壤通风透气。蜜蜂、蝴蝶等有翅能飞的无脊椎动物则可以为草原上的野花传粉。

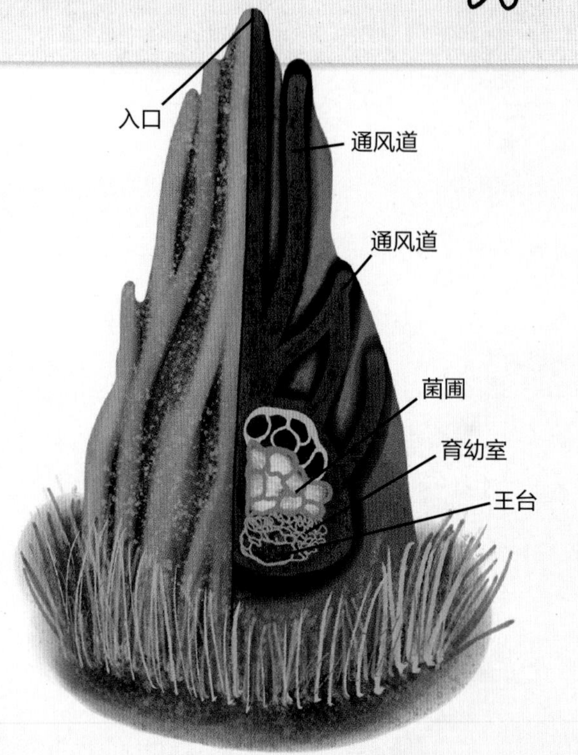

白蚁巢结构图

趣味小百科

无脊椎动物是草原生态系统中数量最多的动物群体。

蝗虫的一生

雌性蝗虫在土壤中产卵。蝗虫的幼体（若虫）在形态上与成虫差别不大，只是某些特征尚未完全发育，比如还没长出翅。

蝗虫若虫以叶片为食。在发育过程中，若虫体形逐渐增大，其间会经历数次蜕皮，以便继续生长，直到成年。前后两次蜕皮相隔的时间叫作龄期。

最后一次蜕皮后，蝗虫就发育成了成虫，长出了可以用来飞行的翅。

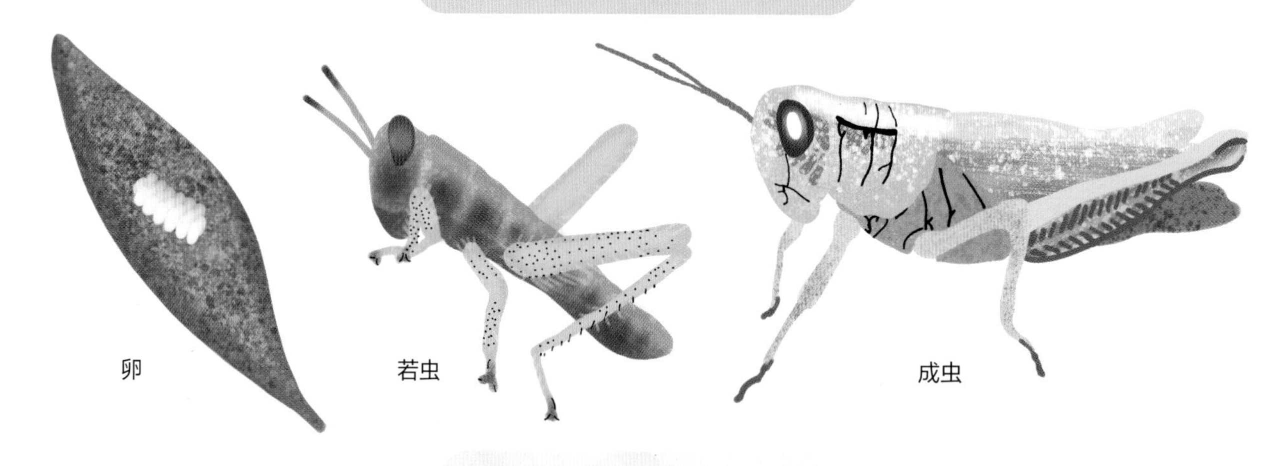

三斑突花萤是一种会飞的甲虫，在北美大草原的花朵中觅食和繁殖，有时也吃蚜虫等危害植物的害虫。

锈色伪切叶蚁栖息在东非热带稀树草原的金合欢上。这种灌木长满了空心刺，锈色伪切叶蚁就在里面筑巢并采食花蜜。

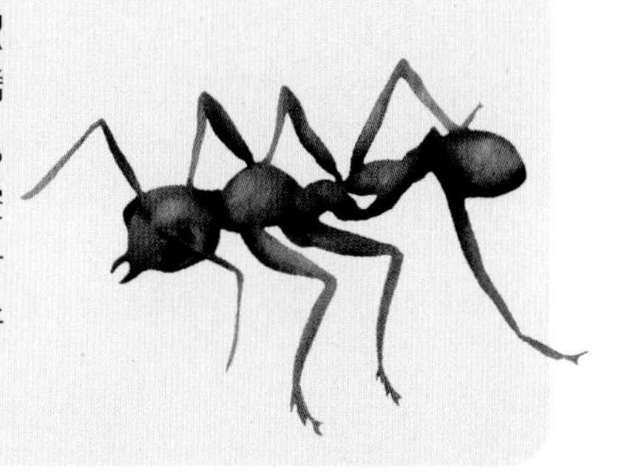

欧洲野蟋蟀栖居在欧洲大陆的草原上，体长约2厘米。雄性蟋蟀会在洞穴入口处唱歌，以此吸引雌性。

普蓝眼灰蝶的名字源于其雄蝶长着蓝色的翅。这种小蝴蝶经常出现在欧洲的草原上，翅展约3厘米，幼虫是绿色的毛虫。

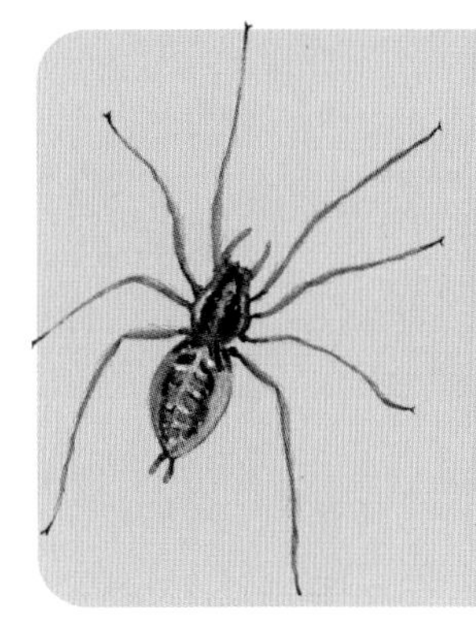

欧洲的草原上生活着**漏斗蛛**。它们在地上结网，躲藏在网内的漏斗里。如果有昆虫被网缠住，漏斗蛛就马上从漏斗中出来捕食。

澳洲蝗遍布澳大利亚的草原和其他开阔的栖息地，经常成群结队地破坏大片植被，然后迁徙到下一个目的地觅食。

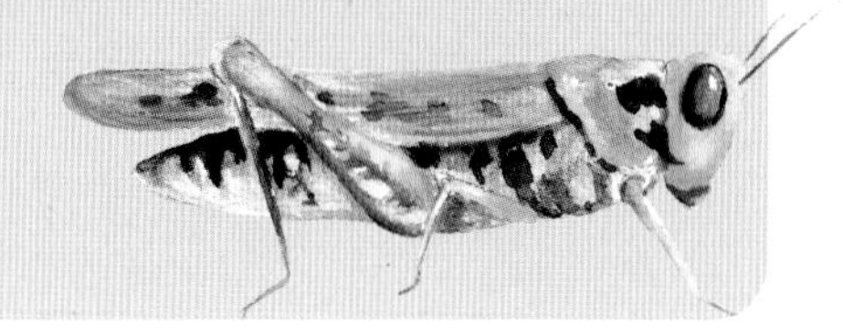

蝉

蝉是一类体形相对较大的昆虫，长着宽短的头、凸出的眼睛和透明的翅。幼蝉会挖洞钻到地下，在那里觅食并生长多年，最终长成成虫。

趣味小百科

全世界一共有3 000多种蝉。

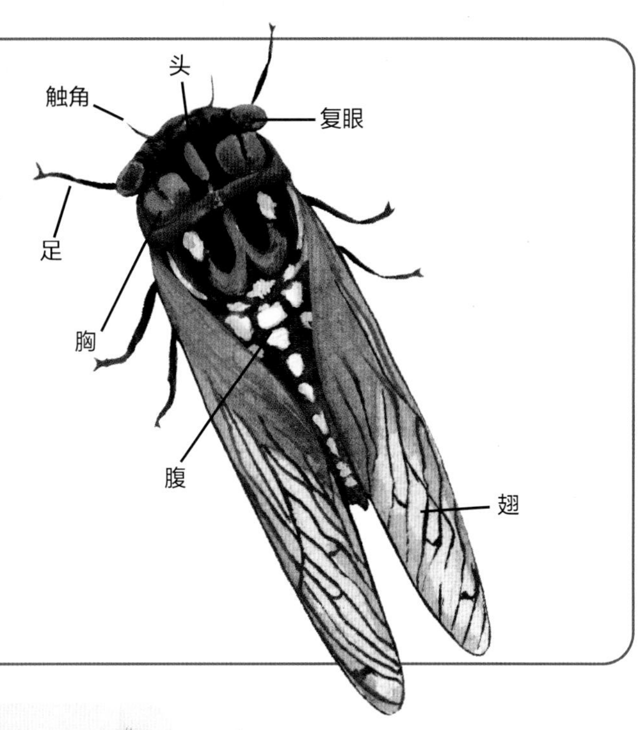

实践活动

我们在本章中探索了从温带到热带的广袤草原，对于栖息在潘帕斯草原、北美大草原、热带稀树草原、干草原上的动植物有了一定的了解，也深入研究了它们在生态系统中扮演着怎样的角色。接下来，通过完成本部分的活动，你可以把学习到的草原知识落到实处。

自然日志

只要有铅笔和笔记本，你就可以开始写自然日志啦。你也可以根据喜好选用彩色铅笔和专门的日志本。如果家附近有草原自然保护区或自然科学相关设施，可以前往参观。如果没有，你也可以参观有草地或空地的公园，或者阅读草原相关书籍，然后选择一个主题，写下你的自然日志。你的自然日志可以聚焦草原的某个方面，可以是动植物，也可以是其他任何吸引你眼球的事物。把你看到的画下来，并在日志中记录观察结果。

搭建洞穴

我们已经知道，穴居动物非常喜欢在草原上安家。我们人类虽然很难适应北美大草原或潘帕斯草原的环境，也不擅长在地上挖洞，但可以自己在家模拟一下动物的穴居生活。利用手边的物品，比如枕头、靠垫、床单和毯子等，再发挥想象力，搭建一个可以容身的洞穴吧。你可以模仿本章中出现的穴居动物，也可以自由发挥。

保护色

许多动物都借助保护色与周围环境融为一体，这是一种防御手段。广阔的草原上几乎无处藏身，所以生活在这里的动物大都通身灰色或棕色，有的长着条纹，有的生有迷惑性的特殊图案。去大自然中漫步吧，找出那些善于“隐身”的动物。你可以提前做一下功课，查查目的地可能会出现哪些动物，这样就不至于漫无目的地寻找。哪怕是生活在城市里的动物，也可以和它们栖息的树干、叶片或建筑物融为一体。

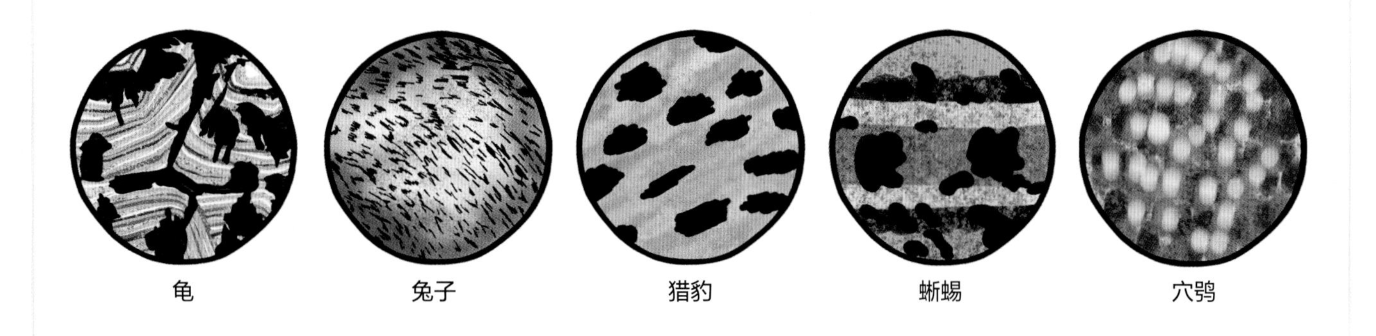

龟　　兔子　　猎豹　　蜥蜴　　穴鸮

把野草和野花压制成标本

草原上长满了野草和野花，采集并压制后可以用来制作手工艺品，或单纯当作收藏品。采集野草或野花前，务必先确认是否符合相关规定。如果不能采集，你可以拾取一些已经掉落在地面上的花朵、叶片等。比起那些膨大的植物，扁平且小巧的野草或野花通常更适合做成标本。注意，最好采集干燥的植物，而不是被露水或雨水打湿的植物。

1. 把采集到的植物夹在两层报纸之间，不要让花朵离得太近或重叠。
2. 将报纸夹在书里，小心地把书合上，然后在上面叠放更多书（其他重物也可以），以便让植物变得更加平整和干燥。
3. 两周之后，你的植物标本就做成啦！你可以把标本贴在日志里展示，也可以用作书签、挂饰或便笺。

实践活动

种草籽

地球上的草本植物种类繁多、数量庞大，只要种下一颗草籽，你就能一瞥这类植物的生长过程啦！你可以把草籽种在院子里，也可以种在容器里，这样就既能放在室外，也能放在室内观察了。小巧、透明的玻璃容器观察起来更方便，你可以同时看到植物在泥土之上和泥土之下的生长情况。

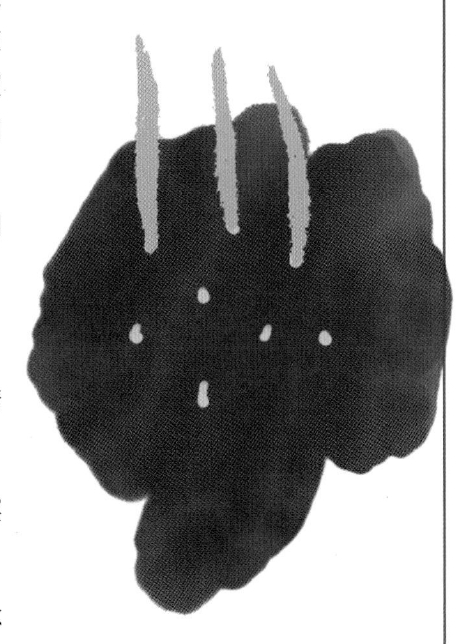

1. 往容器里加入盆栽土，可以多放点，容器口处留出高约 3 厘米的空间即可。
2. 把草籽撒进容器，然后给草籽盖上一层薄薄的盆栽土。
3. 稍微浇点水，让土壤保持湿润，然后把容器放在阳光充足的窗边。请一定记得定期浇水，确保土壤既不会太干燥，又不会太过潮湿。
4. 把你的自然日志放在旁边，这样你就可以写写画画，记录每天的观察结果了。
5. 草发芽后，你可以每天量一下它们的“身高”。等容器眼看就要装不下长得过于高大和密集的草时，你可以把它们移植到更大的容器里，或干脆移植到室外的土壤中。

瓶中龙卷风

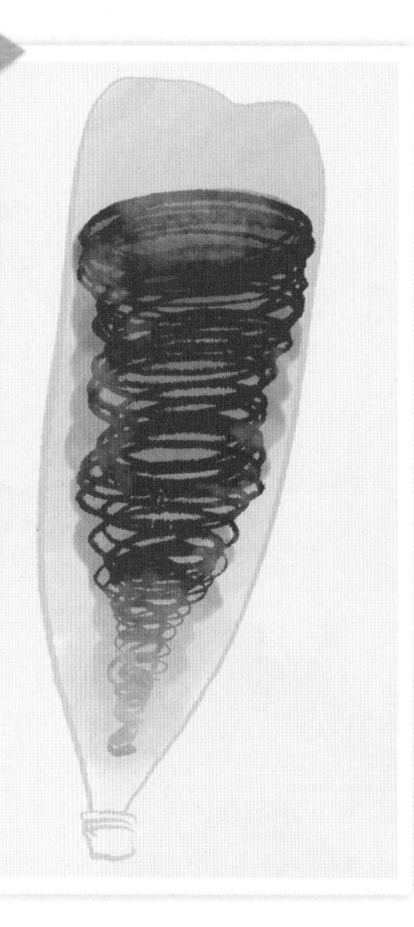

有的草原偶有龙卷风造访。这种破坏力极强的风暴会形成强有力的漏斗状旋转气流，可能摧毁沿途的一切。你可以在瓶子里制作旋转气流的模型，只需要用到水、洗洁精、闪粉和带盖的塑料矿泉水瓶。

1. 往水瓶里装入容量约四分之三的水，然后滴入几滴洗洁精。
2. 往瓶中加入一小撮闪粉，盖上瓶盖。
3. 把瓶子倒置，握住瓶颈，让瓶身绕自身中心轴转动，同时带动瓶中液体转动，形成旋涡。
4. 闪粉会随水一起打转，让旋涡看起来更清晰。想看瓶中龙卷风时，随时可以重复以上步骤。

画下一片草原

如果你家附近有草原生态系统，那你就可以去户外寻找灵感啦！就算没有，你也可以通过书籍或纪录片感受，还可以放飞自己的想象力。本活动会用到颜料、画笔和纸。挥洒颜料，去创作一幅草原风景画吧，写实或抽象的都行！风景画展现的通常是开阔的自然场景，这里的自然场景当然就是草原啦。你可以有针对性地在画中添加细节，要么重点描绘背景，要么突出离自己更近的对象。

你知道吗？

北美大草原广袤无垠，通常盛开着很多野花，但树木稀少。北美大草原主要分为三种类型：高草草原、高矮混合草原和矮草草原。高草草原位于北美洲东部地区，降水量较多；矮草草原位于落基山脉西侧，这里降水量相对较少；高矮混合草原兼具前两者的特征，主要分布在以上两个区域之间。

第五章

湿　地

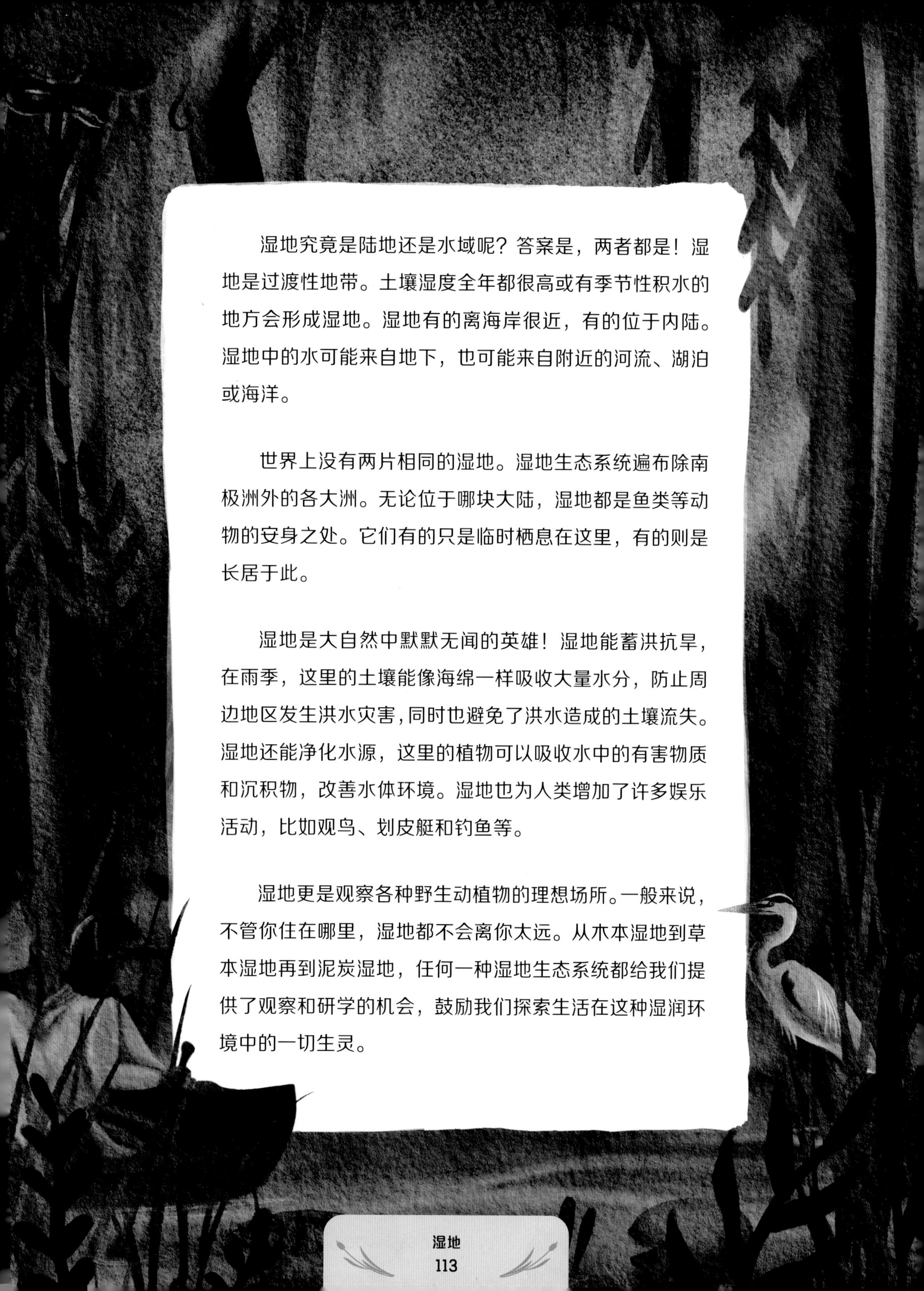

湿地究竟是陆地还是水域呢？答案是，两者都是！湿地是过渡性地带。土壤湿度全年都很高或有季节性积水的地方会形成湿地。湿地有的离海岸很近，有的位于内陆。湿地中的水可能来自地下，也可能来自附近的河流、湖泊或海洋。

世界上没有两片相同的湿地。湿地生态系统遍布除南极洲外的各大洲。无论位于哪块大陆，湿地都是鱼类等动物的安身之处。它们有的只是临时栖息在这里，有的则是长居于此。

湿地是大自然中默默无闻的英雄！湿地能蓄洪抗旱，在雨季，这里的土壤能像海绵一样吸收大量水分，防止周边地区发生洪水灾害，同时也避免了洪水造成的土壤流失。湿地还能净化水源，这里的植物可以吸收水中的有害物质和沉积物，改善水体环境。湿地也为人类增加了许多娱乐活动，比如观鸟、划皮艇和钓鱼等。

湿地更是观察各种野生动植物的理想场所。一般来说，不管你住在哪里，湿地都不会离你太远。从木本湿地到草本湿地再到泥炭湿地，任何一种湿地生态系统都给我们提供了观察和研学的机会，鼓励我们探索生活在这种湿润环境中的一切生灵。

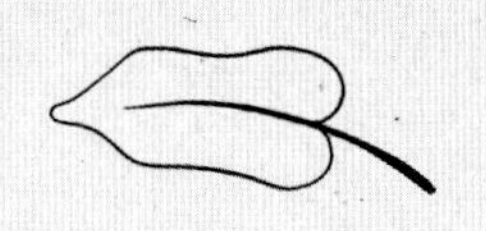

湿地生态系统

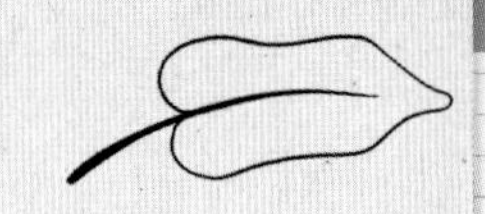

湿地是生物多样性的宝库，栖息着各种各样的动植物。湿地有的靠近海岸，有的靠近荒漠，连周边生态环境中的无数动植物也受其滋养。

沿海湿地分布在海岸线上，通常是咸水和淡水交汇的地方。这类湿地的水量深受潮汐变化的影响，每天有涨有落，再加上水中含有盐分，因此生活在这里的生物面临不少挑战。

内陆湿地远离海岸线，通常靠近河流、湖泊等淡水栖息地，或位于地势较低的地区。淡水湿地中栖息着大量动植物，是地球上最有价值的生态系统之一。

世界各地的湿地

趣味小百科

湿地本身就是一种独特的生态系统，但由于通常位于水陆交界处，这种生态系统也经常受到周围生态系统的影响。

湿地的环境

湿地类型

湿地可分为三大类：木本湿地、草本湿地、泥炭湿地。每种类型的湿地都有其独特的生态特征，包括特定的动植物种类和土壤类型。

木本湿地是森林湿地，位于海岸附近或内陆，生长着大量树木。世界各地的木本湿地附近都不乏鳄鱼、大猩猩、螯虾和鸟类等动物的身影。孙德尔本斯湿地横跨印度和孟加拉国两国，是无数生物的栖息地，孟加拉虎就生活在这里。

草本湿地是长满草本植物的湿地，由河流泛滥形成，沉积于此的土壤通常相当肥沃，富含植物生长所需的养分。当海潮把咸水带到沿岸的草地上时，这些地方就变成了咸水草本湿地。

泥炭湿地是在寒冷气候下形成的湿地。雨雪给泥炭湿地带来水分，使得苔藓能够在地面生长。苔藓吸收并储存了大量水分，加上气温低下，导致水分流动性较差，进而造成这里氧气含量很低。泥炭湿地的水和土壤酸性较高，微生物活动会受到抑制，因此分解和腐烂的过程进行得十分缓慢。

湿地是如何形成的？

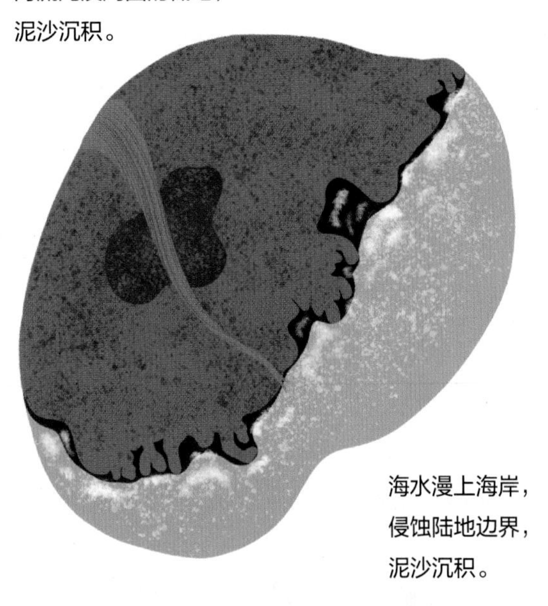

所有湿地都有四季变化。雨季的降水和雪融化后形成的径流会让湿地更加湿润，到了夏季或旱季，湿地的水位可能下降，甚至还可能干涸。

淡水湿地的水大都来自雨雪形式的降水。此外，地下含水层的水分到达地表后，也可能形成湿地。暴雨可能导致溪流和湖泊的水满溢，这些洪水可能流入周边湿地，为湿地补充水分。

荒漠等干旱地区的山谷中往往会形成湿地泉或草本湿地。作为干旱景观中的绿洲，荒漠湿地对于栖息在此的动植物和途经的迁徙动物来说异常珍贵。

春池

春池形成于冬、春两季，位于草地和森林的低洼地区。这种季节性湿地的水来自融雪和降雨，有的小似水坑，有的大过池塘。

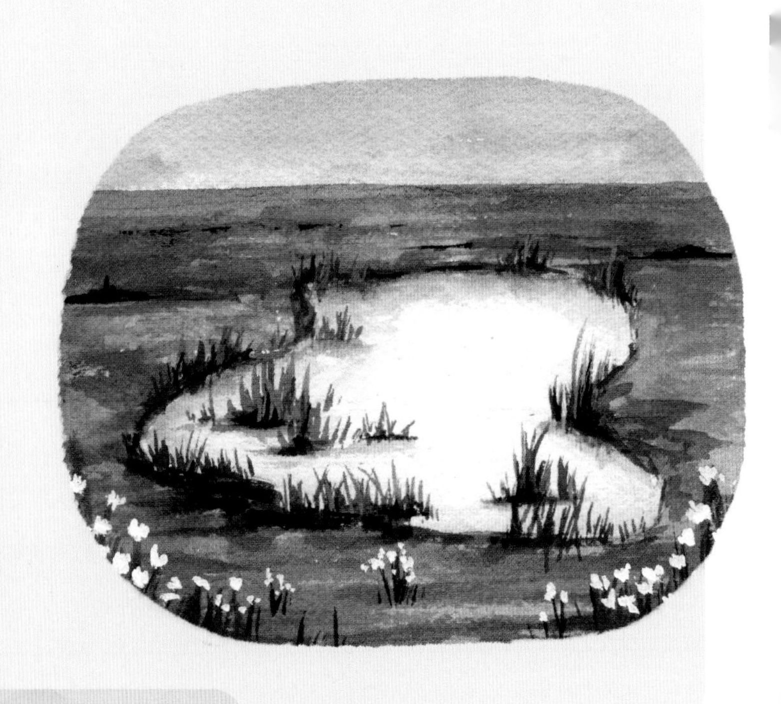

趣味小百科

对许多需要在水里产卵的两栖动物和昆虫来说，春池是繁衍生息的宝地。

风暴防护

沿海湿地的重要功能之一就是保护海岸及沿海地区，尤其是在风暴来临时。

沿海湿地可以吸收风暴带来的水分，减缓洪水的涌动速度。

沿海湿地的植物可以稳固土壤，土壤又能吸收和储存水分，减缓海水对海岸线的侵蚀。

红树林根系庞大，可以减缓海浪的冲击，在抵御洪水方面发挥着至关重要的作用。

风暴结构解析图

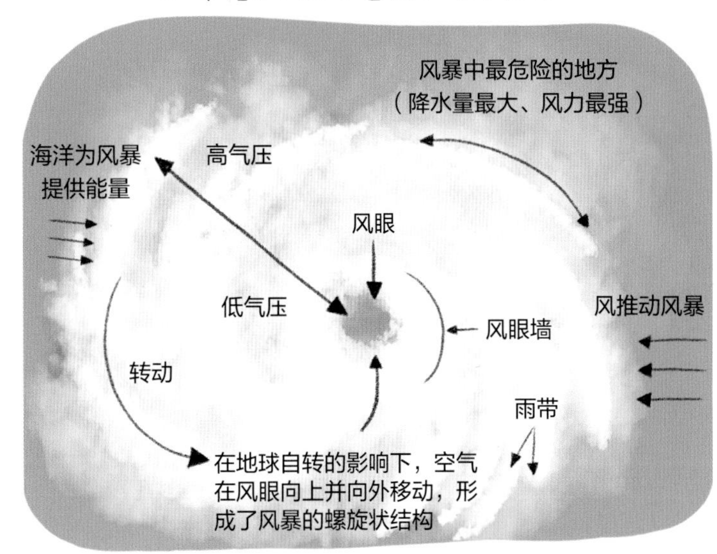

地下含水层

含水层具有多孔岩石或沉积物，可储存水分。岩石或沉积物之间的间隙越大，水流动的速度就越快。下雨时，水会慢慢渗入并填满这些间隙，给含水层补给水分。

趣味小百科

含水层靠近地表时，地下水会自然地流到地表，在地表形成湿地。

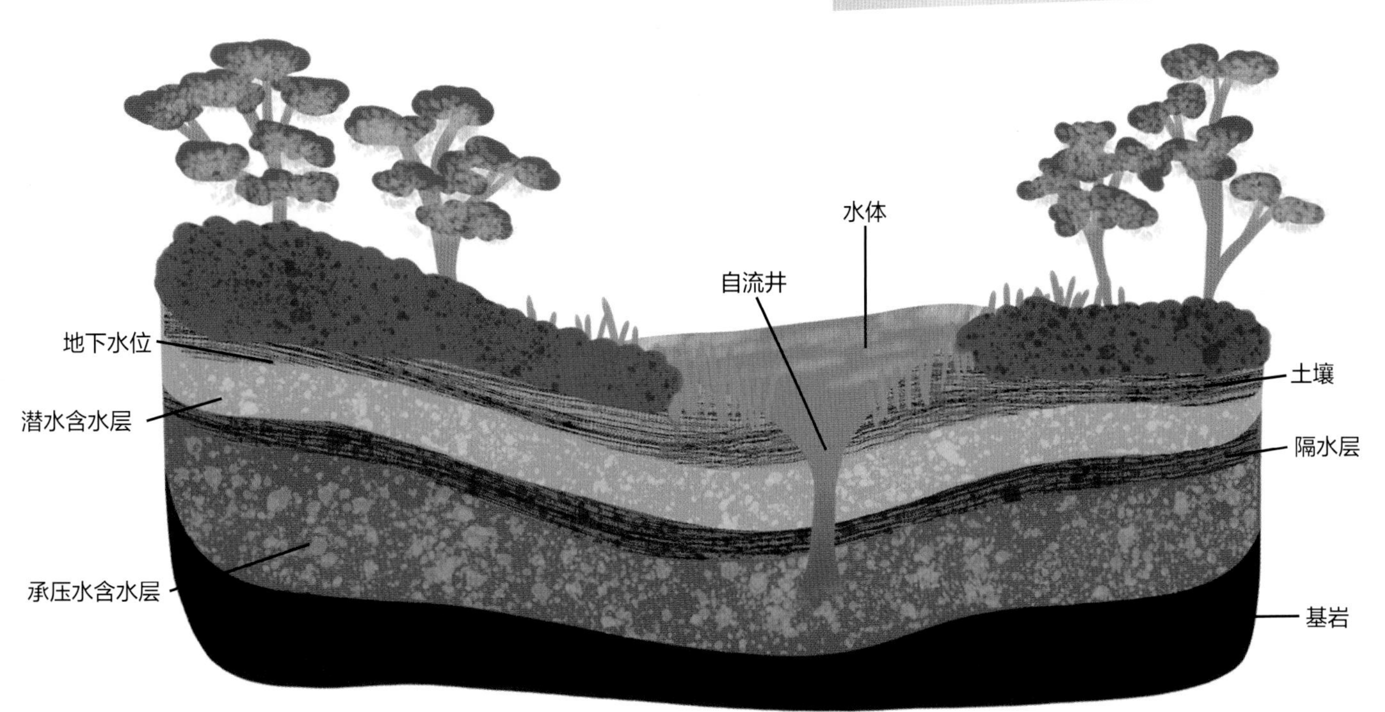

湿地的水

湿地是天然的过滤器。水流经湿地时，湿地上的植物会减缓水的流速，使得水中的沉积物、重金属等污染物沉淀并留存在此。

趣味小百科

湿地植物还能吸收氮、磷等污染物。

一滴水中有多少生命？

即使是湿地里的一滴水，也是一个有着无数生命的微型世界。

藻类可以像植物一样进行光合作用。

变形虫和**细菌**都是单细胞生物。

轮虫可以用轮盘状的纤毛游动。

水螅的口周长有触手，可伸展捕捉食物。

水循环

水在地上流动，蒸发后在大气中飘浮，然后冷凝并落回地上，这个不断重复的过程就叫作水循环。

- 在太阳的照射下，地球上的水吸收热能，分子运动速度加快，最终变成气体进入大气。
- 水蒸气在空中冷却，凝结成云。当云中的水分子聚集到一定数量时，它们就会形成降水，落回地面。
- 雨水落地后可能会渗入地下，从而补给地下含水层，提高地下水位。
- 如果地面已经喝饱了水，无法吸收更多雨水，那么雨水就会在地面形成径流顺坡而下，最终汇入湿地等水体中。

趣味小百科

在水循环的过程中，水可以以固态、液态或气态的形式存在。

河流汇入海洋之处

河流注入海洋的区域会形成独特的生态系统。这里的水是半咸水，即淡水与海水的混合水体。

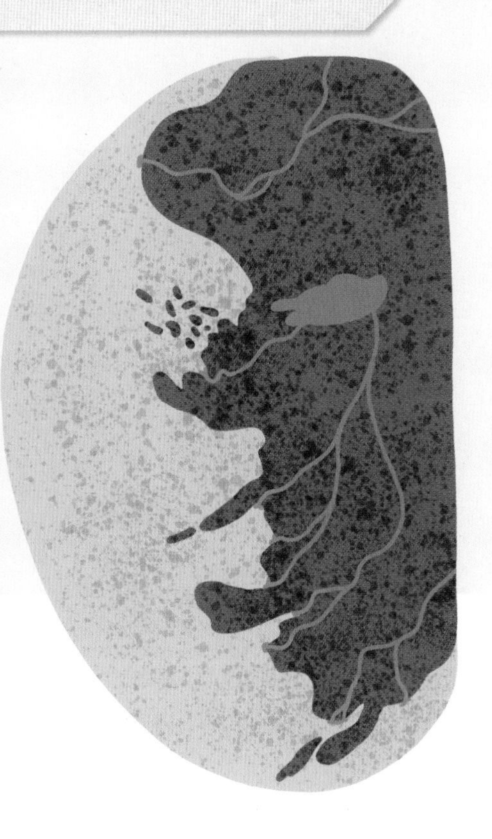

水体盐度

- 海水（35‰）
- 半咸水（0.5‰—30‰）
- 淡水（小于0.5‰）

湿地土壤：泥炭是什么？

· 泥炭湿地中的植物尸体腐烂速度缓慢，经年累月会堆积成一层厚厚的有机土壤，这就是泥炭。

· 泥炭颜色较深，呈泥状，质地柔软。

· 采集来的泥炭可制成砖块，用作燃料。

· 泥炭等有机土壤是由动植物尸体分解得来的有机质形成的。

趣味小百科

有的湿地有由沙子、黏土和粒状矿组成的矿质土。

常见植物

湿地环境特殊，土壤常年湿润，氧气含量较低。为了在含氧量低的湿土中生长，植物演化出了特殊的适应能力。香蒲等草本植物的茎叶挺出水面，根系固定在泥地里，这类植物叫作挺水植物。眼子菜等水生植物则长在水下，只有叶片以上浮于水面，这类植物叫浮叶植物，以莲和浮萍为典型——它们的叶子、花朵都浮在水表。

杉树的气生根

落羽杉是一种原产于美国东南部湿地的针叶树，长着突出水面的膝状呼吸根。

趣味小百科

科学家推测，落羽杉的膝状呼吸根可以给树根输送氧气,也能帮助树体在潮湿的土壤中“站稳”，还能储存树所需的养分。

各种藻类

在湿地生态系统中，藻类浮游植物在不同深度的水体中均有分布。

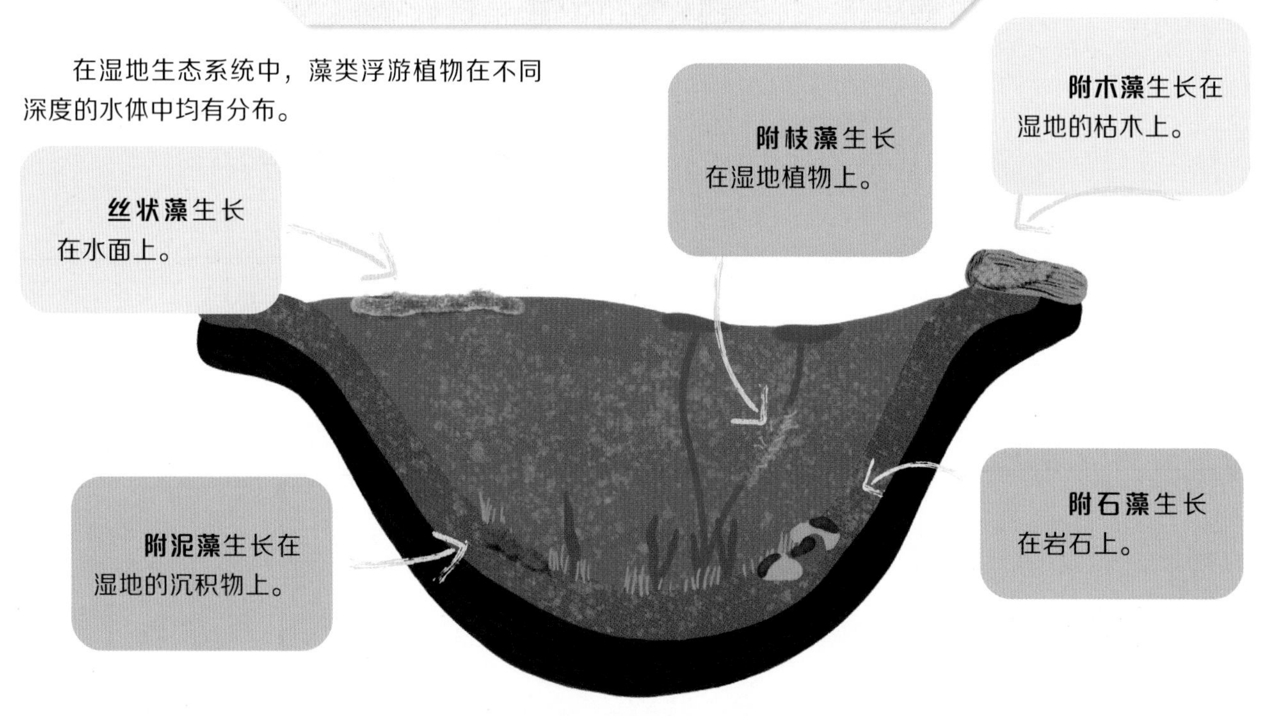

睡莲往往在浅水区生长，叶和花都漂浮在水面。淡水湿地中现已发现的睡莲物种超过 50 种。

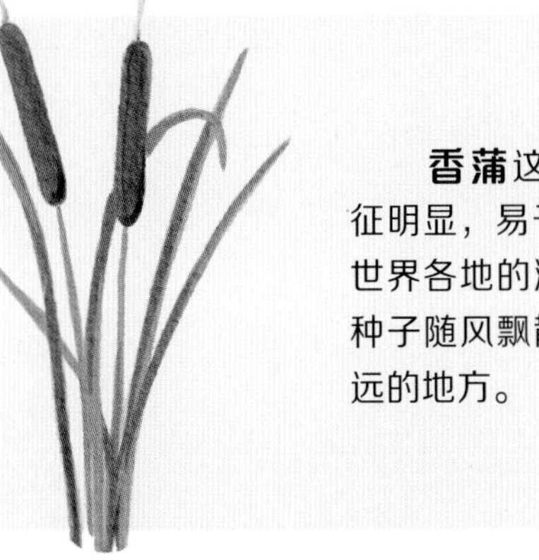

香蒲这种挺水植物特征明显，易于辨认，生长在世界各地的湿地中。它们的种子随风飘散，能传播到很远的地方。

膜稃草是一种分布广泛的湿地草本植物，可以减少水土流失，减少洪涝灾害的发生，也为野生动物提供了食物和栖息地。

泥炭苔生长在湿地，具有海绵状结构。小小的苔藓生长在一起，就像给地面盖上了一层柔软的毯子。泥炭苔能吸收并储存大量水分，死亡的泥炭苔还有助于泥炭地的形成。

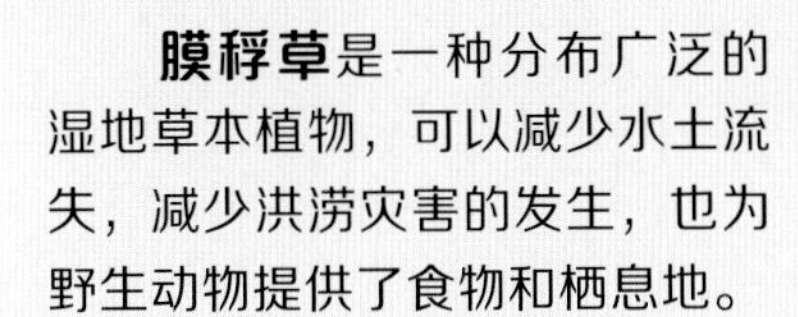

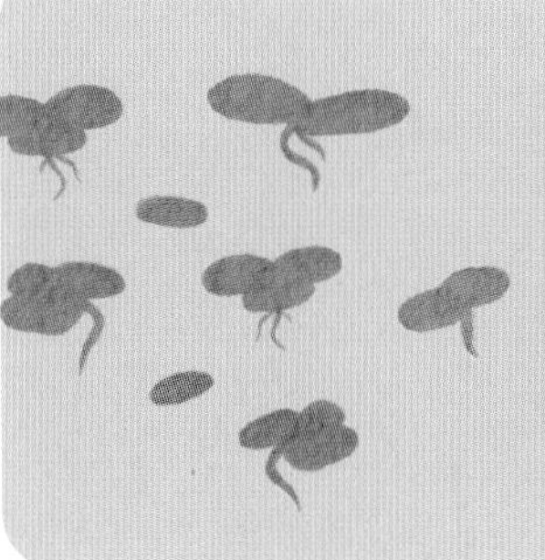

浮萍是世界上已知的最小的开花植物，小小的叶片漂浮在水面。它们能够吸收并处理水中的有害物质，也是鸟类和鱼类的食物来源。

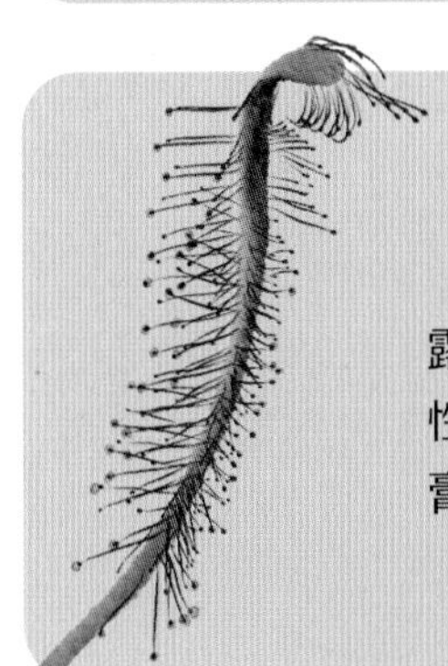

茅膏菜看起来就像罩着一层露水。这层露水实际上是一种黏性花蜜，能把昆虫粘住，然后茅膏菜就会把猎物裹住，开始消化。

红树林

红树林有特殊的适应能力，能生长在热带和亚热带的沿海湿地。它们可以保护海岸线不受侵蚀，也为多种动植物提供了栖息地。

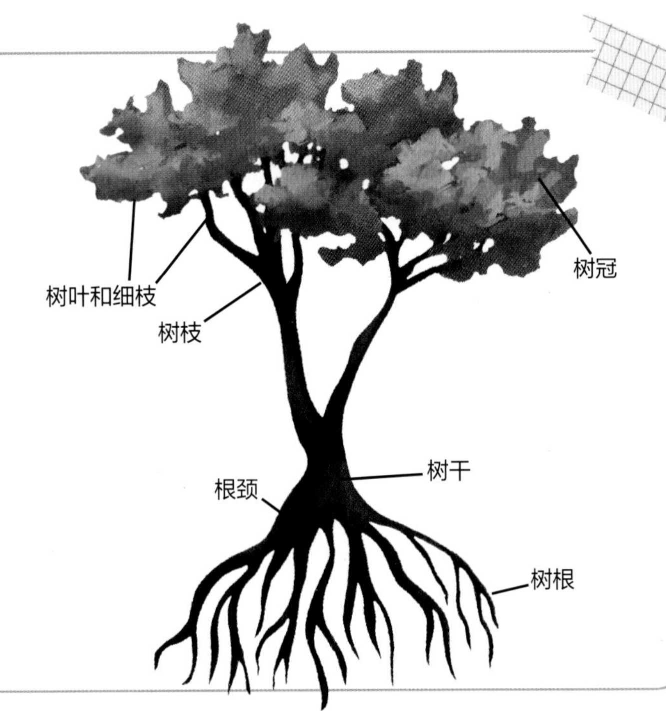

趣味小百科

高出水面的气生根有助于红树林获得生存所需的氧气。

常见动物

湿地遍布世界各地，无论气候如何，生活在湿地的动物都必须找到生存的方法，并且要能够应对湿地的水位变化。有的动物来湿地寻找水源，有的动物来湿地筑巢育雏。湿地动物是生态系统食物链中的一环，也为人类提供了食物来源。

忙碌的河狸

河狸好比大自然的工程师。它们会砍伐树木来建造水坝，水坝拦截水流，在周围形成湿地。水坝后方是深水区，河狸就在这里筑巢。

湿地鱼类

湿地也生活着许多鱼类。有的鱼以丰富的湿地植被为食，有的则是捕食者，但也可能沦为被捕食的对象。湖泊、海洋等开放水域的鱼有些会来到湿地这种相对安全的水体环境中，在这里繁育后代。

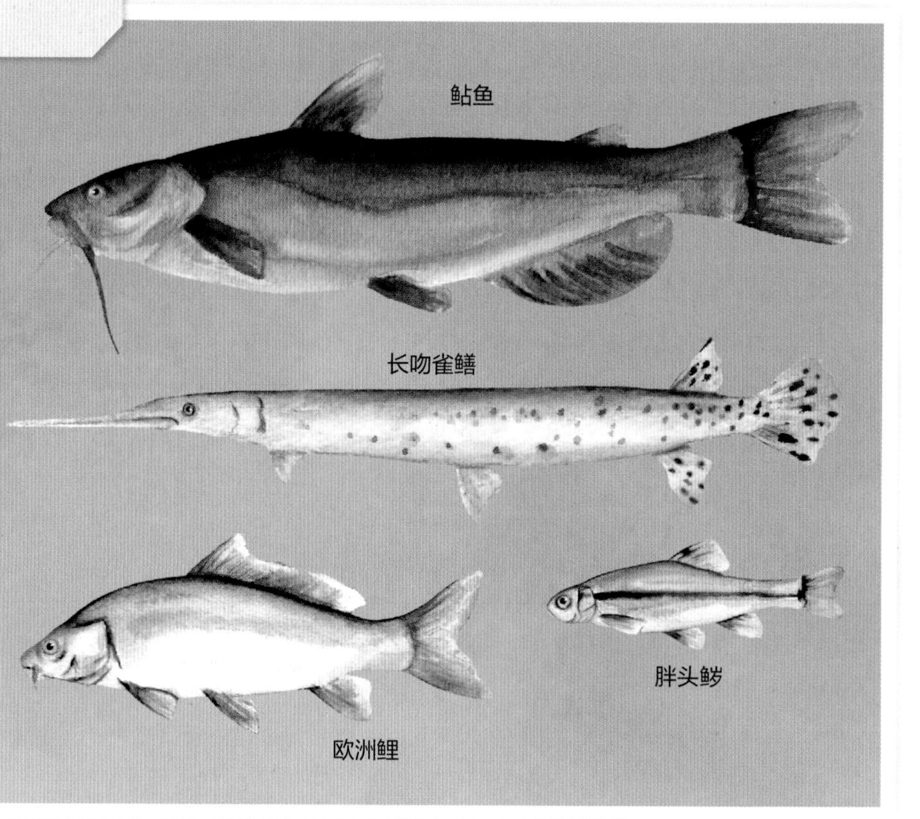

趣味小百科

湿地可以充当鱼类的“高速公路”，使得它们能从一片水域（不管是河流还是池塘）移动到另一片。

河马生活在撒哈拉以南非洲，湿地的水可以帮助它们降低体温，同时让皮肤保持湿润。它们每天可以吃掉多达100千克的植物。

麝鼠是生活在北美洲湿地上的啮齿动物，游泳时把尾巴当作舵，长有一身防水皮毛，后脚有蹼，可以在水中划行。

南美泽鹿原产于南美洲，栖息在湿地中，是以湿地植被为食的食草动物。它们长着宽大的蹄子，可以毫不费力地在松软潮湿的泥地里行走。

浣熊原产于北美洲，经常在湿地周围出没。据说这种聪明的动物会在开吃前用水清洗食物。

水兔生活在美国东南部的湿地，白天躲藏，晚上出来觅食。它们经常会跳到水里躲避捕食者。

驼鹿是鹿科中体形最大的物种，主要在北美洲、欧洲和亚洲的湿地附近活动。驼鹿会游泳，可以觅食水生植物。

小小负鼠不简单

北美负鼠是北美洲唯一的有袋类动物，经常把家安在湿地附近。它们会把幼崽放在育儿袋里，在育儿袋里哺育幼崽，直到幼崽完全发育成熟。

趣味小百科

等发育到足够强壮时，幼崽会爬出育儿袋，搭乘在母鼠的背上，跟着母鼠一起移动。

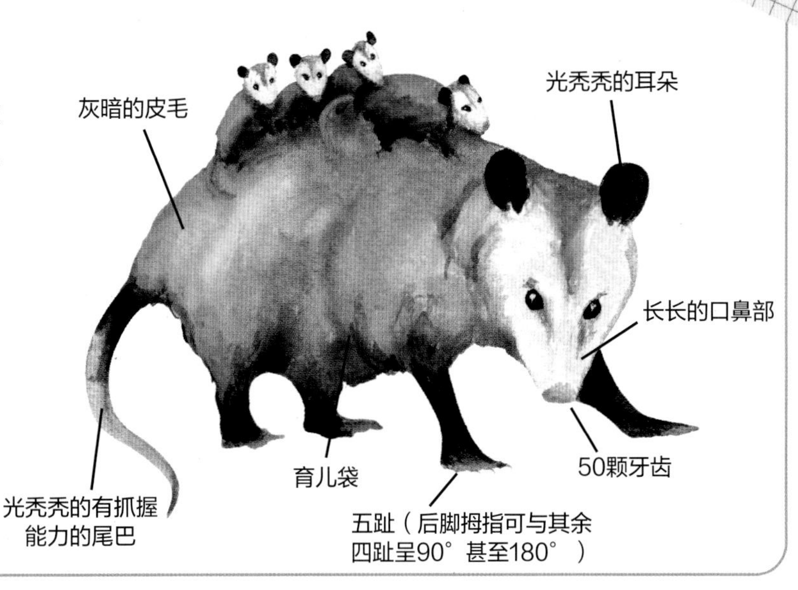

捕食者

无数捕食者在湿地食物链中找到了自己的生态位。湿地有许多昆虫、鱼类和两栖动物，因而吸引了很多捕食者。体形较大的湿地捕食者以鹿、羚羊、麝鼠、鼠等动物为食，体形较小的往往在浅水区、深水区、沿岸水域、植被中或较干燥的周边区域捕食。

趣味小百科

两栖动物、鱼类和鸟类等捕食者以成虫、幼虫和虫卵为食，能够防止昆虫过度繁殖。

湿地的食物链

捕食者的适应性：强有力的颌

湿地捕食者的咬合力通常很强，这是它们适应湿地环境的一个重要特征。

- 捕食者用强大的咬合力捕捉并杀死猎物，它们擅长撕裂肉块，也能嚼碎骨头或咬开贝壳。
- 短吻鳄等鳄目的下颌骨与颅骨的连接方式让它们能够发挥出强大的咬合力，同时使颌更加稳定。
- 鳄鱼下颌的神经比人类指尖的神经更敏感，能察觉到水面上任何微小的波动。

趣味小百科

鳄鱼的咬合力可达 16 000 牛顿！

丛林猫分布在非洲和亚洲部分地区，啮齿动物等小型动物是它们最喜欢的猎物，作为“游泳健将”，它们还会从水中捕鱼。

食鱼蝮生活在美国东南部的湿地中。这种毒蛇口腔呈白色，也因此得名棉口蛇。它们以鱼、两栖动物、爬行动物、哺乳动物和鸟类为食。

世界上最大的蛇是**森蚺**。它们生活在南美洲亚马孙河和奥里诺科河附近的湿地中，体重可达 250 千克，体长可超 10 米。

非洲海雕生活在靠近水域的地方，喜欢栖息在树上，以便在狩猎时有开阔的视野。非洲海雕的爪十分锐利，可以紧紧抓住猎物。

短吻鳄

短吻鳄看起来和鳄非常相似，但它们之间也有细微差别。鳄的体形更大，鼻子更长、更尖，闭上嘴巴时，下排的牙齿会外露，而短吻鳄闭上嘴巴时，下排的牙齿不会露出来。

趣味小百科

大多数短吻鳄喜欢淡水环境，而鳄能生活在咸水环境里。

鸟 类

为了生存和繁衍，鸟类对环境条件有特定需求，它们会关心水在一年中的哪些时间可用，水温如何，以及能找到什么样的植被供食用。因此，某些湿地的环境对于鸟类来说特别有吸引力。它们会在湿地栖息、觅食、筑巢。湿地可以找到水源，也能作为它们迁徙过程中的中转站。

趣味小百科

候鸟在长途迁徙时，普遍会选择特定的迁飞路线。迁飞路线好比鸟类的“空中高速公路”，候鸟每年都要飞这样一个来回。

雌雄二态

雌雄二态指的是同一物种的雌雄两种性别在生理特征上的差异。雄鸟通常具有更为鲜艳、独特的羽毛以吸引雌性，雌鸟身上的花纹则使它们在孵蛋时与周围环境融为一体。

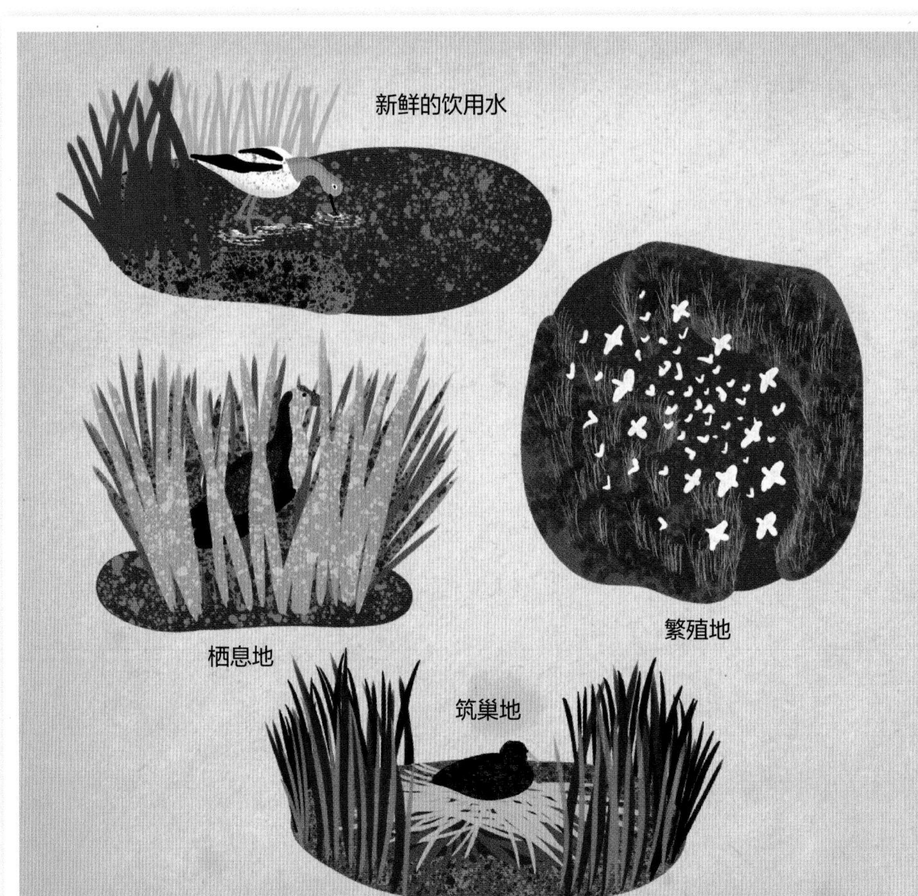

候鸟

世界各地的候鸟每年都会迁徙，寻找食物和筑巢地。它们可能长途跋涉，有时距离可达数万千米。它们把湿地当作休息的中转站，在迁徙途中暂时停留在此，寻找食物、饮用水和可以用来躲藏的植被。

白骨顶群居在欧洲、亚洲和澳大利亚的湿地中，能潜入水下 7 米深的地方觅食植物，在水面的巢穴中产卵。

鲸头鹳生活在非洲中部和东部，喙的长度可达 20 厘米，可以用来捕鱼、运水，上下喙相互碰撞还能发出类似拍手的声音。

普通翠鸟生活在欧洲、亚洲和非洲的湿地，会潜入水中捕食，喜欢把鱼敲晕后再吃掉。

加拿大黑雁是一种常见的北美水禽，以水生植物和陆生植物为食，喜欢在靠近水的地方筑巢，以把周围的环境尽收眼底。

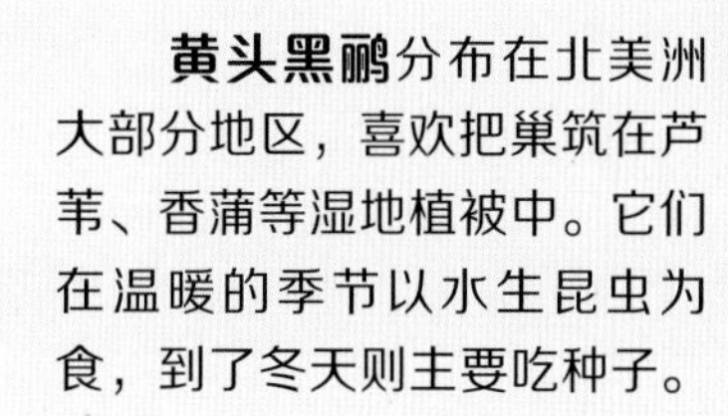

彩鹳在亚洲部分地区的淡水湿地中活动，喜欢成群筑巢或觅食。它们会在水下张开嘴，静静等待鱼类等猎物游过。

黄头黑鹂分布在北美洲大部分地区，喜欢把巢筑在芦苇、香蒲等湿地植被中。它们在温暖的季节以水生昆虫为食，到了冬天则主要吃种子。

鹭

鹭分布在世界各地的沿海湿地和淡水湿地，在草本湿地和木本湿地中尤其常见。它们以鱼类、爬行动物与两栖动物为食。

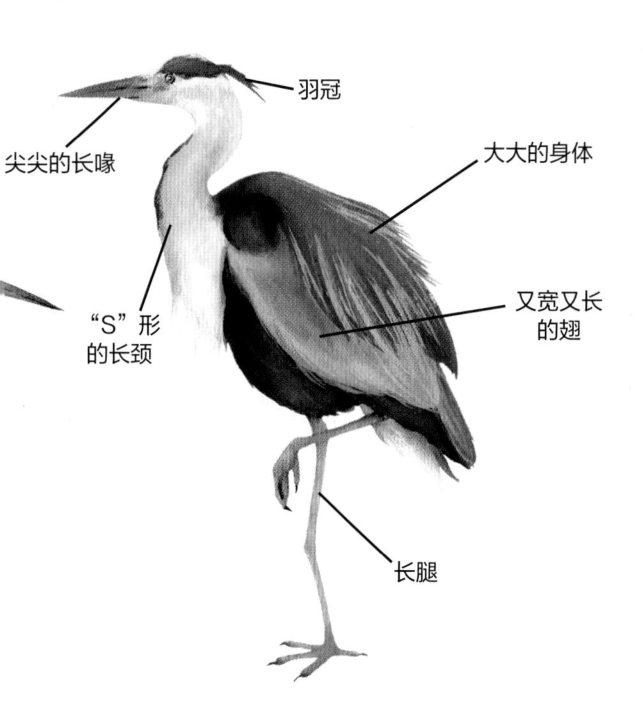

趣味小百科

鹭科下有 60 多个物种，白鹭就属于这个大家族。

爬行动物与两栖动物

许多爬行动物以各类湿地为家，在此觅食和繁衍后代。它们喜欢在水边倒下的圆木和岩石上晒太阳。爬行动物中的捕食者能在湿地找到享用不尽的美味，包括小型的陆生动物和水生动物。青蛙、蟾蜍和蝾螈等两栖动物经常迁徙到湿地产卵。湿地里的藻类、昆虫、水生植物等，都是两栖动物的美餐。

毒牙

毒蛇长有毒牙，咬住猎物时可注射毒液。

· 毒牙有的长在口腔前部，有的长在口腔靠后的位置。

· 蛇的毒液能让猎物动弹不得，甚至让猎物一命呜呼。

· 有的毒牙是空心的，形状像针，有的毒牙上有凹槽，毒液可以通过凹槽流出。

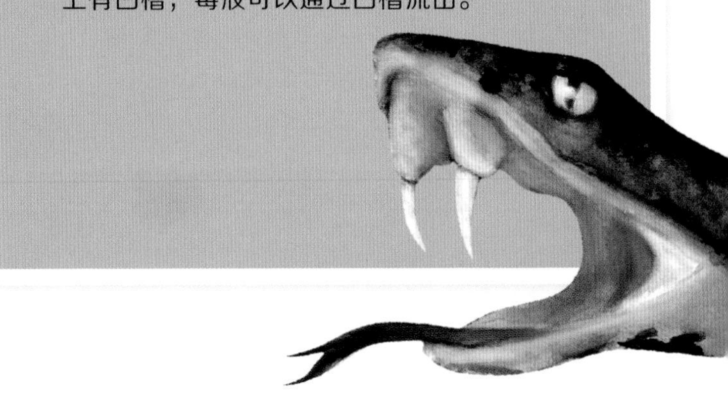

趣味小百科

在湿地生态环境中，爬行动物既扮演着捕食者，又充当着猎物的角色。还有些爬行动物是食腐动物，以环境中的腐肉为食。

蜕皮

爬行动物与两栖动物蜕去外层皮肤的过程叫作蜕皮。蜕过皮的动物可以进一步发育生长，之前皮肤上的伤口也能得到修复，还能摆脱旧皮肤上携带的寄生虫、细菌和真菌。

趣味小百科

爬行动物与两栖动物往往会将蜕下的皮吃掉，可能是为了获取营养。

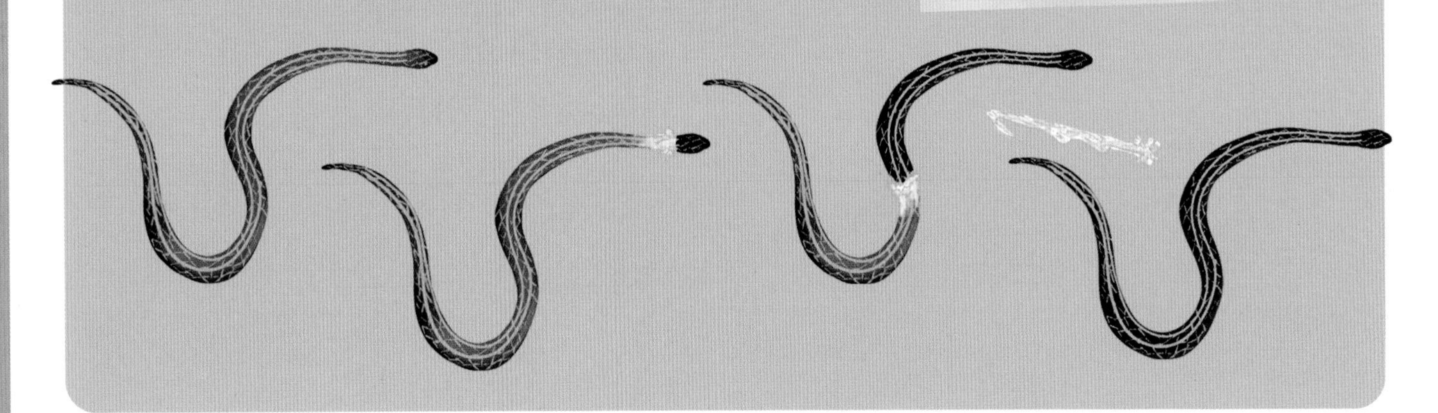

欧洲树蛙分布在欧洲各地的森林和草甸中，在季节性湿地中繁殖。它们的后肢上长着特殊的吸盘，擅长攀爬。

克氏北美水蛇栖息在墨西哥湾沿岸地区的红树林湿地中。这种蛇身长不到1米，以青蛙和贝类为食。

大冠蝾螈的名字源于其雄性在繁殖季节会长出冠状鳍。这种蝾螈分布在欧洲，生活在靠近淡水湿地的草地或森林中。

潮龟是一种大型水龟，生活在孟加拉国、柬埔寨、印度、印度尼西亚和马来西亚的淡水或半咸水环境中，以动植物为食。

趣味小百科

鳄龟会猛然咬住猎物，这种方法不仅用于狩猎，也是一种防御机制。

鳄龟

鳄龟是一类水龟，栖息在池塘或湿地中。不论是淡水环境还是咸水环境，它们都能适应。它们喜欢有大量植物的水域，因为既可以吃，也可以躲藏。它们的头很大，颌十分有力。

背甲上有脊状凸起

口

长尾巴

有力的颌

趾上有爪

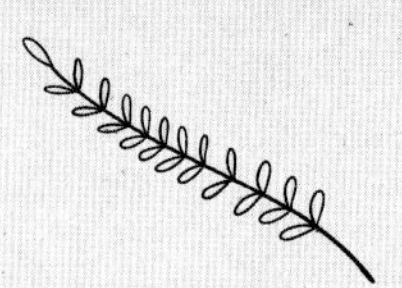

无脊椎动物

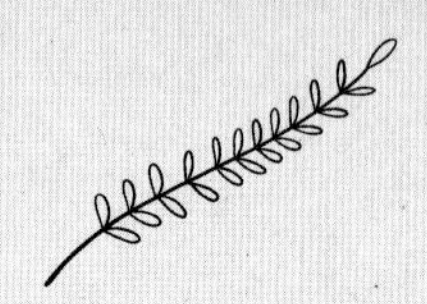

昆虫、蠕虫、甲壳类动物、软体动物、双壳类动物等广泛分布在世界各地的湿地生态系统中。无脊椎动物是食物链中的重要一环，它们吃掉能量生产者——植物，然后又被大型脊椎动物吃掉。有的无脊椎动物会捕食入侵性鱼类的幼鱼，从而阻止入侵性鱼类破坏湿地生态系统。有的无脊椎动物以藻类为食，能防止藻类过度生长。有的无脊椎动物以动植物尸体或动物排泄物为食，是生态系统中的清道夫，能有效保持水质清澈。

趣味小百科

贻贝、螯虾等无脊椎动物终其一生都生活在湿地。蜻蜓、蚊子等无脊椎动物则只在湿地产卵，它们的水生幼虫在此发育成成虫。

蚊子的一生

蚊子虽然并不招人喜欢，却非常重要。实际上，蚊子在湿地生态系统中扮演的角色也是不可或缺的。

趣味小百科

孑孓（蚊子的幼虫）和蚊子是许多湿地生物的口粮。

雌蚊产卵需要蛋白质，它们通过饮血来获得这种营养物质。

幼虫从水中的卵里孵化出来后，以水中的细菌和有机物为食。

幼虫需要发育长达两周的时间才能进入蛹期。

成虫从蛹里钻出后要先把身体晾干，然后才能飞翔。

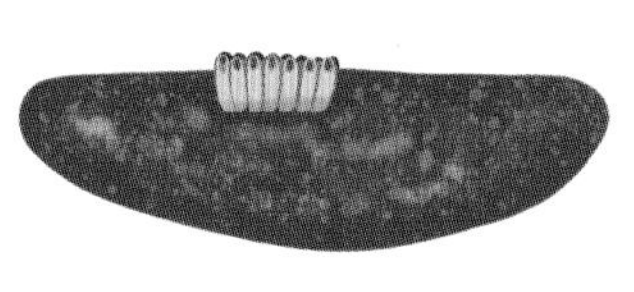

卵

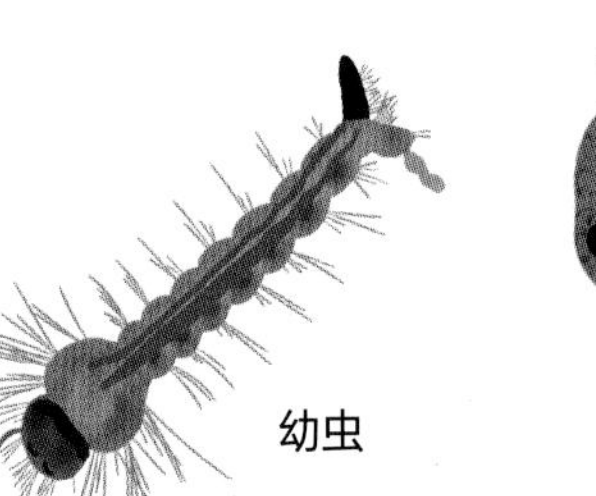

幼虫

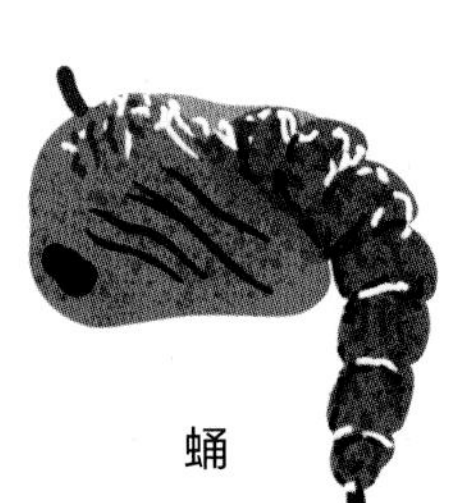

蛹

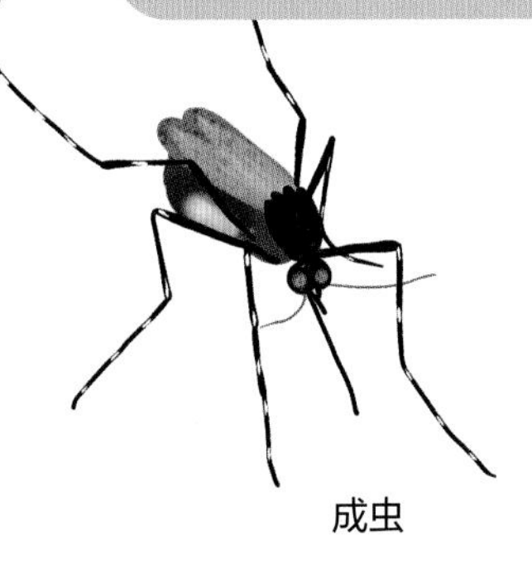

成虫

招潮蟹生活在热带和温带的海滩、盐沼附近，以藻类、真菌和死亡的植物为食。雄性招潮蟹会挥动大螯足，以此来吸引雌蟹。

螺纹贻贝生活在北美洲大西洋沿岸的盐沼中，用腮上的纤毛捕食浮游生物。它们有时贴在一起，有时附着在盐沼的植被上。

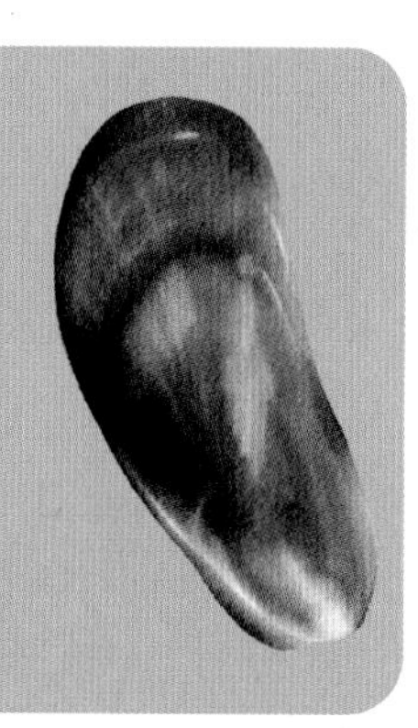

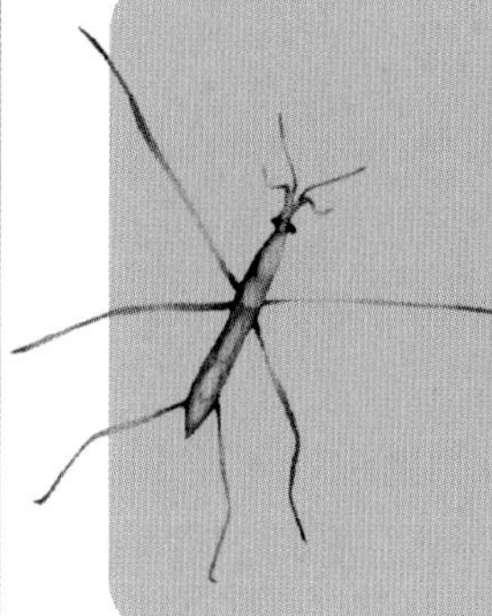

水黾的腿上长着防水刚毛，能够浮在水面上。它们吃水面上的昆虫，也被鸟类捕食。

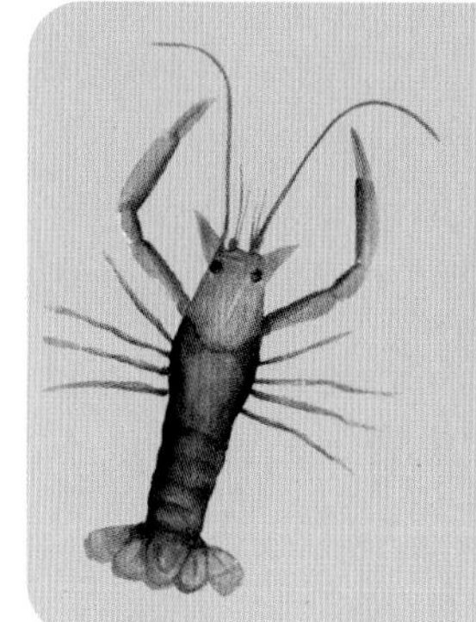

螯虾属于甲壳纲，在世界各地的淡水湿地中均有分布。它们栖息在岩石下，用螯足保护自己，也用螯足猎食小鱼、昆虫和蝌蚪等。

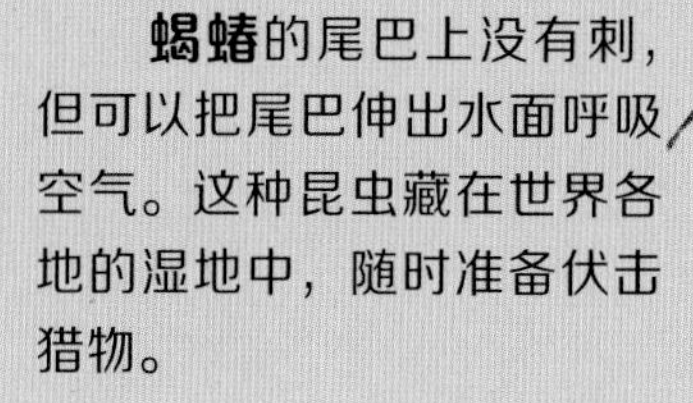

蝎蝽的尾巴上没有刺，但可以把尾巴伸出水面呼吸空气。这种昆虫藏在世界各地的湿地中，随时准备伏击猎物。

豉甲借助桨状足在水面打转，寻找昆虫。它们的眼睛可以同时观察到水面上和水面下的情况。

蜻蜓

在湿地附近，我们经常可以看到五颜六色的蜻蜓。它们飞得很快，只停留片刻便在你眼前一掠而过。它们的飞行方式十分灵活，可以向上、向下、向前、向后全方位移动，就像一架架微型直升机。

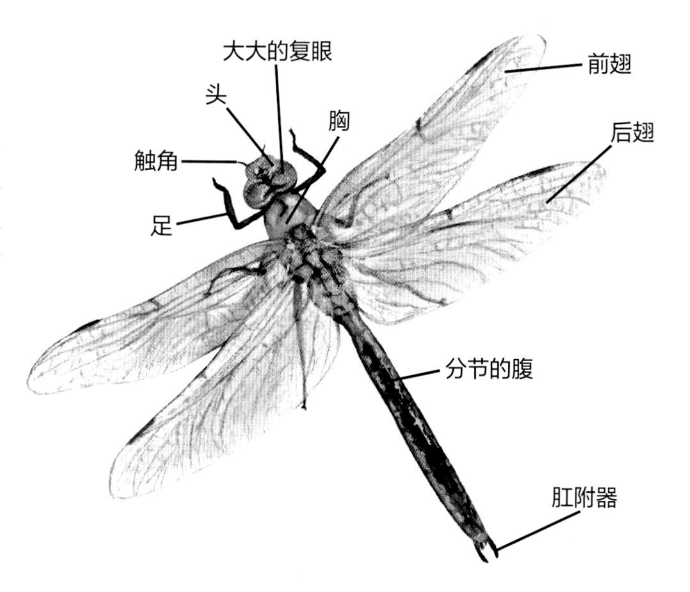

趣味小百科

蜻蜓的飞行速度可以达到每小时50千米。

实践活动

本章探索了各种湿地生态系统，有温暖的热带红树林，也有寒冷的泥炭湿地。现在，你可以通过下列实践活动真正体验湿地的神奇之处。

自然日志

你可以带上自然日志和铅笔，去附近的湿地参观。如果你家附近没有湿地，也可以选择其他水环境。到达目的地后，找一个舒适的地方坐下，画下周围吸引你注意力的事物。你可以选择描绘某种动植物，或者一块岩石、一根木头，当然也可以描绘目所能及的整个湿地景观。

湿地捞捞乐

在附近的湿地漫步，享受大自然时，不要忘记看看水里有什么。记得带上网兜和耐用的容器，比如浅色托盘或透明杯子。有关本地无脊椎动物的野外探险指南和放大镜也能成为你的随身好帮手。

1. 取一些湿地的水放入容器中，注意不要完全装满。
2. 在水边找一处水生植物多的地方，把网兜浸入水中并反复转动，以尽可能多地收集样本。
3. 把网兜捞到的东西倒入容器中。
4. 用放大镜观察收集到的样本。
5. 翻开你那本野外探险指南，看看能认出哪些动物。
6. 结束观察后，把捞到的动物放回捕捞处。你可以再选一片水域，重复上述打捞和观测的步骤。

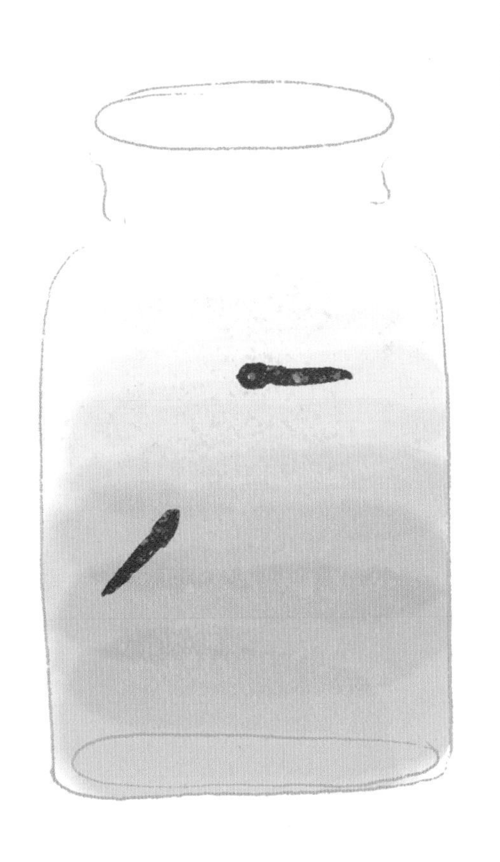

什么是湿地？

在本章中，我们了解到了湿地的重要性，以及湿地对水、动植物和人类的重要价值。在接下来的活动中，你可以在家中四处搜集一些物品，让每件物品来代表湿地的不同功能。例如，肥皂可以代表湿地净化水源的功能，枕头可以代表湿地是野生动物的栖息地。让我们回顾一下湿地在自然环境中发挥的不同功能吧！

1. 湿地能过滤水中的沉积物和污染物。
2. 湿地是无数动植物的家园。
3. 湿地能够储存降水，减少周围地区发生洪水的风险。
4. 湿地可防止土壤流失，在飓风和强烈风暴来临时可保护海岸线免受侵蚀。
5. 候鸟可以在湿地歇脚。
6. 无数动物在湿地觅食。
7. 无数昆虫、两栖动物和鱼类迁徙到湿地繁衍后代。
8. 人类可以在湿地里进行钓鱼、远足、划皮艇等娱乐活动。

湿地如何防汛？

用锡纸和烤盘制作一个简单的湿地模型吧。你还需要一个浇水壶和一块海绵。

1. 把锡纸塑造成帽子的形状，盖在烤盘的半边，这就是模型中的小山丘。烤盘的另外半边什么也不放。
2. 用浇水壶往山坡上浇水，模仿雨水汇成的径流。接下来会发生什么呢？水会直接流入盘子空着的那半边。想象一下，锡纸是一座位于室外的小山丘，而空着的那半边是一条河。径流直接汇入了河中，可能导致洪水泛滥。
3. 现在在小山丘的底部放上一块海绵。
4. 再往山坡上倒水，观察水流到海绵上时又会发生什么。海绵在这个模型中就好比湿地，能储存雨水并减缓径流汇入河流的速度，从而防止洪水泛滥。

实践活动

呼吸的树叶

植物是湿地生态系统的重要组成部分。它们可以截留沉积物，吸收化学物质，从而净化水质。植物在光合作用的过程中会吸收大气中的二氧化碳并释放氧气，这就是植物的“呼吸”。把一片叶子放入水中，你就可以观察到植物释放氧气的过程了。你只需要用到水、一个透明的碗和一片刚摘下来的叶子。

1. 在碗里倒入容量三分之二的水。
2. 把叶子完全浸入水中。必要时可以在叶子上放一块小石子，把它压住。
3. 将碗放在阳光充足的地方，让叶子继续进行光合作用。
4. 过几个小时再回来看看吧！等你回来观察这片叶子时，应该会发现叶子上附着有气泡，水里也有气泡，这是因为叶子在光合作用的过程中释放了氧气。

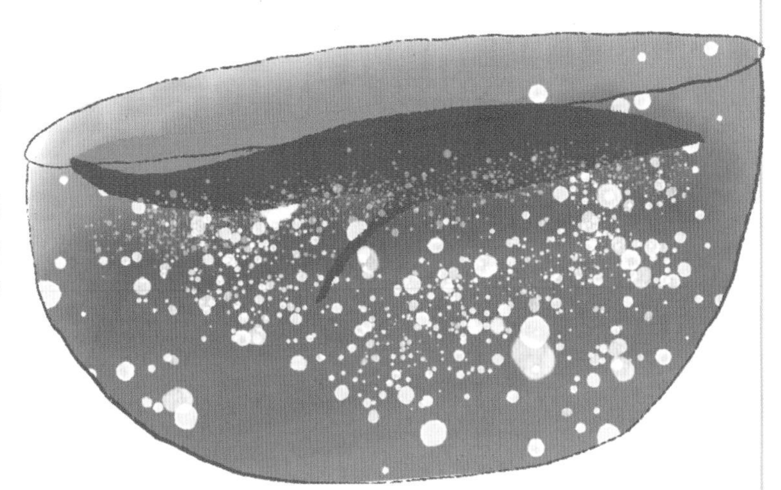

观察藻类

如果家长允许且符合相关规定，你可以从附近湿地的水面采集一些藻类。你还可以在湿地进行实地观察，只需要用到一根棍子、一个袋子、一个纸盘和一个袖珍显微镜。如果你想把观察结果记录下来，别忘了带上自然日志。

1. 用棍子挑起水面的藻类，获得样本。
2. 把样本装入袋中，回到野餐桌上，或另找一处平坦的地方。
3. 取出少量样本摸一摸，它的质地如何？是什么颜色的？闻一闻样本，有气味吗？
4. 再取少量样本，放在纸盘上，用袖珍显微镜观察。在袖珍显微镜下，你发现了哪些肉眼看不见的特征？
5. 观察完后，可以将样本放回湿地。

加水就行！

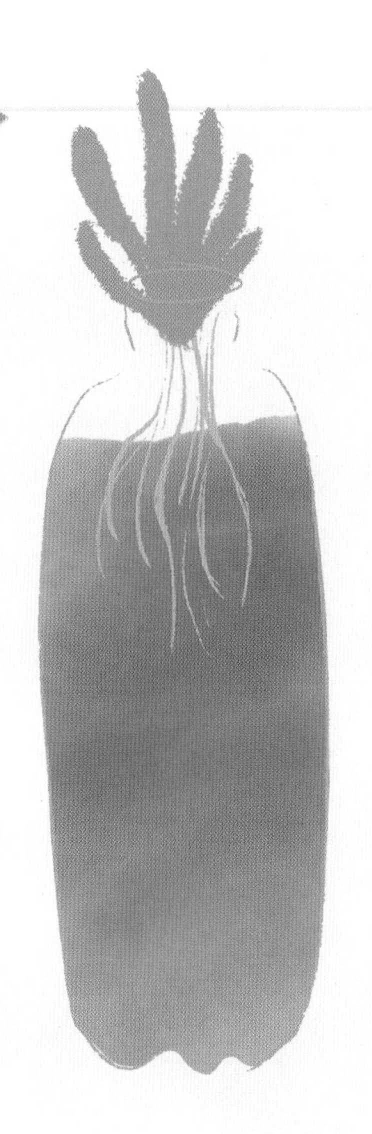

湿地植物的多样性令人称奇。在本章中，我们了解到湿地植物有的完全浸泡在水中生长，有的茎和叶挺出水面，有的只有叶片以上浮在水面。在接下来的活动中，你可以自己种植“湿地植物”，只需要一个透明的瓶子、水、尺子、铅笔、自然日志和草。

1. 在室外找到一小簇草，连根挖出。
2. 在瓶子里装满水，把草放进去。草的茎和叶要浮在水上，根要垂到水下。
3. 把装有草的瓶子放在阳光充足且安全的地方。
4. 每天测量草叶和草根的长度，并在自然日志中记录测量结果。一定要记得换水，让水保持新鲜。
5. 等到瓶子装不下长大的草时，你可以把草移植到院子里，或者种到有土的花盆里。

你知道吗？

环境科学家会深入研究湿地的植物群落，以评估湿地生态系统的整体情况健康与否。其实，人们往往通过湿地中生长的各种植物来标识不同类型的湿地。泥炭湿地的表面覆盖着苔藓，草本湿地中草叶繁茂，木本湿地则有树木在水中挺拔而生。湿地的水体有咸有淡，一年之中有水的时间有长有短，这些因素都会影响湿地植物的生长。湿地植物也因此演化出了各种适应能力，有的在水面长出呼吸根，有的演化出了可排出多余盐分的特殊结构，有的在茎中留出了储存氧气的空间。

作者简介

劳伦 · 乔达诺既是作家也是插画家，还是 Chickie & Roo 的创始人，这是一家专门为家庭和学校开发教育课程和相关资源的公司。劳伦住在美国佛罗里达州，在当地的家庭教育合作社区任教，主教自然方面的课程，两个孩子跟随劳伦在家中自学。劳伦热衷于让孩子亲近大自然，想要帮助孩子更深入地了解自然世界。她的作品曾在 *The Peaceful Press*，*A Year of Learning*，*Chickadees Wooden Toys*，*Wild + Free Co.*，*FunSchooling Books* 等刊物上发表，你也可以在 chickieandroo.com 一览她的作品。

斯蒂芬妮 · 海瑟薇是一位来自堪萨斯城周边地区的艺术家，擅长从自然世界中发掘灵感，并以此创作富有教育意义的内容。她相信，美丽又生动的插图可以让科学和自然知识变得直观好懂，能激发所有孩子的学习兴趣。她也相信，任何人都能从大自然中学到许多宝贵的人生经验。她希望自己的作品能够激励一个个家庭共同探索家门口的自然世界，并从中学到知识。你可以在 stephaniehathawaydesigns.com 上看到她更多的原创艺术作品，大部分作品的灵感都源于自然且富有教育意义。

劳拉 · 斯特鲁普是 Firefly Nature School 的创始人。Firefly Nature School 专门为在家自学的孩子、合作社区和教学机构设计自然研究课程，你可以在 fireflynatureschool.com 上找到更多相关信息。劳拉毕业于艾奥瓦州立大学，曾获得动物生态学理学学士学位，主攻方向是自然资源教育。她曾在博物馆从事教育工作，还当过高中教师，主讲科学，现领导着一所主要为当地社区服务的沉浸式自然学校——School of the Wild。她现在和家人住在密苏里州斯普林菲尔德市附近的乡村。

致　谢

劳伦

我要特别感谢我的丈夫。他是个了不起的人，我很感谢他对我的支持。我也要感谢我的孩子们，他们也很了不起，而且一直激励着我。我还要感谢父母一直以来的信任。

斯蒂芬妮

我特别感谢我的丈夫和孩子们，他们每天都支持并激励着我。我还要感谢我的朋友及合作者：劳拉和劳伦。我期待能和你们长期合作，让我们的创意延续下去。

劳拉

我要感谢我的孩子们。我能长期探索并研究大自然，离不开孩子们对我的激励。我还要感谢我的丈夫，他一直支持我的写作事业，也支持孩子们的教育，这个过程真是神奇又美妙。最后，我还要衷心地感谢我的父母。他们总是一如既往地鼓励我坚持实现自己的梦想。而现在，我们做到了！

索 引

T

W

X

Y

Z